はじめに

　中学生のころまでは数学が得意だったのに，高校の
数学になってから一気に数学がわからなくなってしま
った……という声をよく聞きます。確かに中学生のと
き難しいと感じそうな単元は

　　因数分解、1次・2次関数、円と相似

　ぐらいですが、高校生になると数学の内容は一気に
増えて、

　　2次関数、三角比、場合の数と確率、整数問題、
　　図形と式、三角関数、指数対数関数、微分積分、
　　ベクトル、数列、複素数平面、2次曲線

と、高校生の皆さんが苦手になる単元のオンパレード
ですね。

　普段代々木ゼミナールや山本数学教室で教えていて
も、大学受験に必要なのに数学が全然できないとか、
医学部を目指しているのに数学が一番苦手だという生
徒の皆さんは、昔から一向に減る傾向にありません。

　これは学習指導要領のあり方に問題があるのかもし
れませんし、私たち教える側の力不足や指導形態が悪
いのかもしれません。最近は映像を活用した数学の授
業も多く存在し、YouTube だけでなく、映像授業の

草分けでもある代々木ゼミナールのサテライン授業（映像配信授業）を代表とする、さまざまな映像授業のコンテンツも多数存在します。数学の参考書といえば数研出版の『チャート式』が一番有名ですが、『チャート式』数学参考書も映像解説を導入しています。

　それでも高校の数学がわからないという声が減らないのは、昔のような「心の通った授業」が少なくなったことも大きな要因だろうと思います。

　予備校のように大人数を想定した授業では、どうしても一人でも多くの生徒に理解させるための、いわば授業テクニックが必要になってきますが、映像授業という、顔の見えない一人ひとりに対する授業はさらに難しくなります。最近流行りの1対1個別指導を希望する生徒の皆さんが多いのは、少子化が進み、家庭での子供一人当たりの教育費用が増えたためでもありますが、一番の理由は「一人ひとりを気にかける心の通った指導」を求めているからでしょう。

　けれども、高校生の皆さんが数学を得意になる一番の方法は、どんな形であれ、まず定期試験で結果が現れることに尽きるのかもしれません。数学に限らず、テニスで試合に勝てばもっと練習しようと思うでしょうし、将棋で勝てばさらに棋譜を研究しもっと強くな

るでしょう。

　高校生の皆さんも、また社会人でこのタイトルに惹かれて「はじめに」を読んで下さっている方も、自分が何かを得意になったときは、必ず自分からすすんで勉強や練習をやった時期があったはずです。

　数学に限ってみれば、数学が得意になるきっかけは多くの場合、テストでよい点数をとれたという事実で、そこには

　　教えてくれた先生がとてもわかりやすかった
　　良い成績を親が誉めてくれた
　　読んだ参考書が自分に合っていた
　　YouTube で見た数学に興味を持った
　　数学の勉強の仕方をつかめた
　　家庭教師の先生が好きだった
とさまざまな要因があります。

　思春期の山本少年を数学好きにしたのは、中3のときの数学の美人先生でした。時期を同じくして、夏休みに家庭教師をしてくれた早稲田大学理工学部の男子大学生が、山本少年にくれた赤攝也先生と吉田洋一先生（ともに立教大学）の名著『数学序説』は、まさに思春期の山本にとっては目から鱗が落ちる一冊でした。そして音楽の道（山本の父親が音楽関係者だったため）から医学部を目指すことにした進路を、さらに

数学に変えるきっかけになったのが、予備校で数学を教えてくださった3人の「受験数学の神様」でした。

今回 PHP 研究所から『高校生が感動した数学の物語』を新たに書かせていただくことになりましたが、このシリーズは、

『高校生が感動した微分・積分の授業』

『高校生が感動した確率・統計の授業』

に続く三冊目で、位置づけとしては前2冊の導入になるものです。

難易度的には、『高校生が感動した数学の物語』（本書）が一番読みやすいと思いますが、特徴としては、数学史と絡めた高校数学の内容のうち

- 1次〜3次方程式の解法で示される中学数学と高校数学の違い
- 多くの高校生が苦手とする三角関数・ベクトル・数列・複素数のイメージ作り
- ライプニッツ級数と微分積分で高校数学の最終レベルを見せておくこと

をテーマにして、高校数学に興味を持ってもらうことを狙いにしています。

次にわかりやすいのは『高校生が感動した確率・統計の授業』で、比較的数式が少ないため、中学レベルの確率と高校レベルの確率の違いを感じつつ、確率の正しい考え方の本質を感じとってもらえるのではない

でしょうか。

『高校生が感動した微分・積分の授業』は面倒な数式も多いため、文系の高校生や社会人の方は、数式はとばして全体の流れだけを追って読んで下さると、微分積分のイメージがつかみやすいと思います。

『高校生が感動した数学の物語』（本書）では、第1部で数学史を織り交ぜながら、高校数学の導入を意図しましたが、第2部では山本が受験生の頃に影響を受けた3人の「受験数学の神様」のお話をさせていただきながら、山本が考える正しい数学の勉強法のアドバイスを、中3レベルの知識で解ける簡単な大学入試問題を用いて、具体的に説明する形をとりました。

　これまで、授業の本筋とは少し違う話として高校生に話してみたら興味深く聞いてくれたエピソードを、体系的にまとめてみたものになります。

　ここで取り上げた大学入試問題は、易しい問題ではありますが、高校生にも社会人の方にも、解いてみるといろいろと中学数学にはない新しい発見があるのではないかと思います。ぜひ実際にちょっと手を動かして考えてみてください。

　この本が新高校1年生、数学に悩んでいる高校生、大学受験の勉強法に行き詰っている受験生、そして高

校の数学を読み物としてもう一度見直してみたいとお考えになった社会人や大人の皆さんに、なにかのきっかけになれば著者としてほんとうに嬉しいことです。ぜひ皆さんのお感じになったことを編集部にお知らせください。

　それでは第1部、まずは数学が歩んできた道とそれを切り開いた数学者たちの、有名な三つの物語からスタートしてみましょう。

『高校生が感動した数学の物語』目次

はじめに ……………………………………………………………… 3

第1部　数学史に見る、数学の3つの大きな流れ

第1章　アルキメデスと円周率

1．数学的発想の始まり ………………………………………… 14
　◆ベストセラー『幾何学原論』 ……………………………… 14
　◆幾何学に王道なし …………………………………………… 16
2．『幾何学原論』が生まれるまでの数学 …………………… 18
　◆ナイル川の氾濫を予測したエジプト文明 ……………… 18
　◆数学を戦争に用いたメソポタミア文明 ………………… 20
　◆円を六等分した古代バビロニア ………………………… 22
3．古代ギリシャ以前の円周率 ………………………………… 24
　◆古代バビロニア人の円周率計算法 ……………………… 24
　◆古代エジプトの円周率計算法 …………………………… 29
4．古代ギリシャの天才アルキメデス ……………………… 34
　◆画期的！　演繹法を用いた古代ギリシャ数学 ………… 34
5．アルキメデスが考えた円周率の計算方法 ……………… 39
6．πへのあくなき探究 ………………………………………… 45
7．「はやぶさ」で用いた円周率は16桁 …………………… 56

第2章　タルターリアの悲劇

1．1次方程式の解き方 ………………………………………… 58
　◆古代エジプト人の1次方程式の解き方 ………………… 58
　◆代数学の父ディオファントスの墓碑銘 ………………… 61
　◆高校数学における1次方程式 …………………………… 65

　２．２次方程式と解の公式 ……………………………… 73

　　◆「解の公式」の誕生 ………………………………… 73

　　◆高校数学における２次方程式 ……………………… 76

　　◆4000年前の２次方程式の解き方 …………………… 84

　３．３次方程式の解にまつわる数学者の争い ………… 88

　　◆1000年間の数学暗黒時代 ………………………… 88

　　◆３次方程式の「解の公式」の発見 ………………… 90

　　◆フィオーレvsタルターリア ……………………… 93

　　◆奇人カルダノ ……………………………………… 95

　　◆３次方程式の「解の公式」を一般公開 …………… 98

　　◆カルダノの功績 …………………………………… 100

　４．高次方程式の解法 …………………………………… 102

　　◆高校数学における高次方程式の基本 ……………… 102

　５．実数から虚数、そして複素数へ …………………… 109

　　◆複素数の登場 ……………………………………… 109

　６．秘技「カルダノの解法」 …………………………… 122

　　◆カルダノの「３次方程式の解法」 ………………… 122

　　◆５次方程式の解の公式は存在しない ……………… 132

第3章　新しい数学の世界を開いたデカルト

１．ルネサンスと数学 …………………………………… 135

２．哲学に目覚めたデカルト …………………………… 138

３．「我思う、ゆえに我在り」 ………………………… 141

４．アインシュタインに匹敵するデカルトの発想 …… 143

５．デカルトはさらに近代の数学を切り開く ………… 150

　　6．モンキー・ハンティング ················· 155

| 第1部付録 |

　　1．「円周率」の東大入試の〈解法3〉 ··········· 173
　　2．「ライプニッツ級数」の証明 ·············· 177

| 第2部　　伝説の3人の予備校講師 |

第1章　受験の神様と呼ばれた渡辺次男先生の数学
　　1．大学受験ブームに降臨した「受験の神様」 ······· 190
　　2．問題を解くときの原則を大切にする ········· 192

第2章　発想の柔らかさをもった山本矩一郎先生
　　1．洗練されたエレガントな解法 ············· 209
　　2．論理はあと、発見が先 ················ 211

第3章　完璧な板書と解説だった根岸世雄先生
　　1．最も効果的な数学勉強法とは ············· 224
　　2．発想の転換 ····················· 228

数学史に見る、
数学の3つの大きな流れ

第1章
アルキメデスと円周率

1. 数学的発想の始まり

◆ ベストセラー『幾何学原論』

これまでに西洋で一番読まれた書物といえばもちろん聖書ですよね。では二番目に多く読まれた書物は何だと思いますか。

高校生の皆さんにはとても意外かもしれませんが、それは数学の教科書『幾何学原論』なんです。

この『幾何学原論』という書物は、B.C.3世紀ごろの古代ギリシャの有名な数学者ユークリッドが書いたもので、その内容は幾何学や数論など、当時の数学を集大成していて、20世紀初頭まで数学の代表的な教科書として君臨していたんですよ。

B.C.3世紀に書かれた本が2000年以上経っても数学の教科書であり続けたというのは、確かに聖書並みにすごいですよね。

『幾何学原論』の著者ユークリッドは10余りの著作を書いていると思われ、自筆のものは残っていませんが、そのうちの5つのギリシャ語原典の写しが現存しているそうです。ユークリッド自身についてはというと、生没年不詳で、またどのような人物であったのかもほとんどわかっていません。

『幾何学原論』の第1巻の最後に登場するのが、皆さんがよく知っている「ピタゴラスの定理」です。ピタゴラスは同じく古代ギリシャの数学者でB.C.6世紀頃の人ですから、ユークリッドよりも200～300年ほど前の人物ですね。

『幾何学原論』の中に「ピタゴラスの定理」が入っていることからもわかるように、『幾何学原論』の内容は、ユークリッドが成し遂げた数学の発見を書き記したものではなく、ユークリッドが学んだギリシャ数学のすべてを整理し、1つの命題（定理や問題のこと）を、それまでに証明した命題だけを用いてさらに証明していくという論理の積み重ねを示したものでした。

このような論理的推論の繰り返しを用いて新しい命題を証明していく方法を「演繹的方法」といいますが、『幾何学原論』はそれを徹底して貫きとおした記述がなされていたため、それ以来数学的思考を学ぶ格好の

教科書として読みつがれてきたのですね。

　ついでですが、物理で有名なニュートンが、運動の法則を基礎として構築した力学の説明には、この『幾何学原論』の「演繹的方法」を貫き通す記述手法がとられているんですよ。

　『幾何学原論』は、平面幾何学・立体幾何学、整数論、無理数論などの当時の数学を系統立てて記述してあり、中学生で学ぶ三角形の合同や円の性質、高校数学で出てくるユークリッドの互除法など、私たちが中学・高校で教わる多くの内容が含まれています。

◆ 幾何学に王道なし

　さて、先ほどユークリッドについてはほとんど何もわかっていないと言いましたが、彼が古代の卓越した数学者・天文学者で、アレクサンドリアで数学を教えていたこと、またそこで数学の一派を成していたことは確かなようです。

　B.C.304年にエジプトの地でプトレマイオス朝を打ち立てたプトレマイオスⅠ世は、地中海に面したアレクサンドリアを都としますが、この都市は文化の中心としても栄え、ユークリッドやアリストテレス、アポロニウス（アポロニウスの円は数Ⅱで出てきます）、

エラトステネス（素数を調べるときに出てきた「エラトステネスのふるい」の人ですね）など、有名な数学者たちが多く集まります。

　このときプトレマイオスⅠ世は、当時の文化人たちを宮廷に招いては講義をしてもらうのを常としていたのだそうです。ところが他の数学者の講義は理解できても、どうしてもユークリッドの幾何学講義は難解で理解できない。

　この時代の王は戦が強いことだけを求められているわけではなく、統治能力が高いことが必要で、そのためにさまざまな分野において最高の教育を受けていることが立派な王の証でしたから、幾何学講義が理解できないのは、王としての資質を問われるわけです。

　そこで王はユークリッドに「もっと簡単に幾何学を学ぶことはできないのか」と問うのですが、ユークリッドは冷たく一言
「幾何学に王道なし」
と言い残して去っていったという逸話は有名ですよね。

　ユークリッドの性格は想像するしかありませんが、王へのこの対応からすると、おそらくクールで、『幾何学原論』で見せる理路整然さと、ひたすら考え抜く

精神力や我慢強さを持ちあわせ、要領の悪い頑固な性格だったのではないでしょうか。

　ちなみにこのプトレマイオス朝は、そののちおよそ300年にわたって繁栄し、その最後の王があのクレオパトラですよ。

2.『幾何学原論』が生まれるまでの数学

◆ ナイル川の氾濫を予測したエジプト文明

　『幾何学原論』は、ユークリッドが学んだギリシャ数学を系統立てて集大成した書物だとお話ししましたが、ここでは、それ以前の数学の歴史を、文明の創成期までさかのぼって大急ぎで眺めてみましょう。

　エジプト文明とメソポタミア文明はほぼ同一の時期に生まれたそうですが、この2つの地域における数学の発達は異なる道を歩みます。

　エジプト文明が栄えたナイル川流域は、ナイル川が毎年決まった時期に氾濫したため、氾濫の時期をできる限り正確に予知することが必要でした。古代エジプト人たちが1年の周期を正確に知るために、天文観測

を利用したことは容易に想像がつきますね。実際彼らは1年が365日と$\frac{1}{4}$日であることを知っていたといわれています。

ところで、ナイル川の氾濫は私たちが想像するような濁流による大災害級の氾濫とは異なり、毎年8月末ごろから10月上旬にかけて少しずつ水位が上昇し、自然堤防を越え両岸にあふれ出すことで肥沃な土壌を供給し、約1か月後には水位が下がっていくのだそうです。

その時期を正確に把握するために、夜空で最も明るく輝く星シリウスが活躍します。エジプトではシリウスは春から夏にかけておよそ70日間天空から見えなくなり、再び姿を現す時期がナイル川の氾濫の始まりと重なったため、天文観察は欠かせなかったのですね。

天文観察から天文学が生まれ、ナイル川氾濫後の土地区画の整備の必要性から測量術や幾何学が起こり、エジプトの数学は大きく実用性に向けて発展していきます。さらにエジプトの支配者たちは、氾濫による被害を算出することで課税の増減をする必要があったため、人口調査・収穫量の集計などの計算技術も実用的な進化を遂げていきます。

◆ 数学を戦争に用いたメソポタミア文明

　一方チグリス川・ユーフラテス川流域に起こったメソポタミア文明では、数学は違った道を進んでいきます。

　チグリス川はナイル川と違い、源流山地からの距離が短くて勾配が急で、かつ多くの支流から大量の雪解け水が流れ込むため、春に大洪水による災害をもたらす荒ぶる川です。それに対しユーフラテス川は山地からの距離が長く勾配も緩やかなため、チグリス川ほどの災害はもたらさないものの、頻繁に氾濫しました。激しい大洪水によりすべてが押し流されることから、ノアの方舟のような神話が生まれます。

　エジプト文明とメソポタミア文明の大きな違いは、その文明が発達した土地の違いから生まれました。

　エジプトは、不毛の砂漠地帯に流れるナイル川の恩恵を受ける地域だけが人々の住める場所で、それはナイル川の本流や支流からわずか数kmの幅の川沿いの地域です。

　人々はナイル川を利用して上流地域と下流地域の交流を盛んに行います。民族的な大きな争いもないため、統一国家が比較的おだやかに成立し、長く繁栄することになります。必然的に支配者には国家をいかに円滑に運営するかが求められますから、数学は一層実

学への道を進みました。

　それに対してメソポタミア文明が生まれた地域は、2つの大河川に囲まれた平地にあり、川を利用して多くの異民族が流入し、活発な交易が行われていました。地理的に孤立しているエジプトと違い、さまざまな異民族による侵入が頻繁に起こり、支配民族が何度も変わっていきます。

　そのため、部族社会は城壁をめぐらして小さな都市国家を形成し、都市国家の支配者たちは争いに勝つために天文学を占星術として活用し、土地把握や商業に使われていた数学も、軍隊が用いる武器や馬車の設計などに用いていきます。

　エジプトの数学が実学的であったのに対し、メソポタミアの数学はより高度に発達することになります。私たちが中学3年生で教わる2次方程式の解法が導かれていたり、ピタゴラスが現れる1000年も前にすでに三平方の定理を理解していた記録が残っています。これはすごいことだと思いませんか。

　興味深いのはエジプトでもメソポタミアでも、測量術・計算術・幾何学が確立していたこと（これは河川の氾濫に対応する必要があったことから当たり前です

ね）と、エジプトの数学が10進法に基づいていたのに
対し、メソポタミアの数学は60進法に基づいて、独
自の数学を作り上げていたことです。

　10進法をもとに、エジプトでは数学の知識を灌漑<ruby>灌漑<rt>かんがい</rt></ruby>
や干拓、土地区画の整理のための測量に用い、課税の
ための人口調査や収穫量の算出、太陽暦への応用、神
殿やピラミッドなどの巨大建造物の設計に活用してい
きます。

　メソポタミアでは60進法を採用しますが、これは
彼らがB.C.3000ごろに既に1年が360日であるという
ことを知っていて、1年の位置づけをするために、円
周を360等分した1つ分を1日と考えていたからと言
われています。

◆　円を六等分した古代バビロニア

　B.C.2000ごろにはメソポタミアの南方に位置するバ
ビロニア地方に、アムル人系によるバビロンを都とす
る古バビロニア王国が建てられます。第6代の王があ
の有名なハンムラビ王ですよ。
　ハンムラビ王のもとでメソポタミアは統一されます
（正確にはそれ以前にアッカド帝国、ウル第三王朝が
メソポタミアを統一しているようです）。「目には目
を、歯には歯を」の復讐法で知られるハンムラビ法典

が整備され、学問としての数体系も形を整えていきます。この当時の数学の記録は多数残っているため、メソポタミアの数学のことをバビロニアの数学と呼ぶようにもなりました。

　そのころの記録の1つに、古代バビロニアの人々は円を描いてその半径で円を分割していくと、ちょうど6回できれいに円が分割されることを知っていたと思われるものがあるそうです。

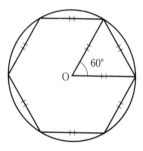

360の$\frac{1}{6}$は60ですから、これを角度にすると60°が正三角形の内角で、60°に対する正三角形の一辺は半径に等しいことから、彼らは60を大切な数と認識していました。

　ちなみに1°より小さい数は普段考えませんが、1°を60で割ったものを1'（分）とし、1'を60で割ったものを1"（秒）としています。これは時間の概念に繋がっていることがわかりますね。

　バビロニアの数学も古代エジプトの数学同様に天文学、測量学、税や収穫の計算などに用いられますが、

メソポタミアでは都市国家間の抗争が続いたため、遺産相続、家畜などの財産管理、土地面積の把握、城壁の建設、武器の設計にも活用されます。

　そのため、エジプトの数学は測量学や幾何学が発達したのに対し、メソポタミアの数学は2次方程式や連立方程式の解法などの理論が高度に発展する反面、幾何学はあまり研究されませんでした。

3. 古代ギリシャ以前の円周率

◆ 古代バビロニア人の円周率計算法
　円周と直径の比（円周率）が一定であることは、約4000年前から古代エジプト人と古代バビロニア人によってわかっていました。

　エジプトの幾何学はピラミッドや神殿の建造に大きく貢献し、円周率や円の面積、半球の表面積、角錐の研究などが高度に発達します。円周の長さを正確に測れない当時に、円周率を3.1605という高い精度で導いているのは、驚くべきことですね。

　幾何学があまり発達しなかったメソポタミアの数学

でも、円周率を意識していますが、最初のうちは円周率を3として扱っています。これは先に述べたように、都市国家間の争いの歴史の中にそれほど円の必要性がなかったからでしょう。

それでもしだいに研究が進み、円周率を3.125の値として求めるところまではたどり着いています。

また世界で最初に車輪が考案されたのはメソポタミアだといわれています。私たちにとっては車輪など見慣れたものですが、車輪は人類最古の最重要な発明だったのです。

都市国家間の熾烈（しれつ）な戦争が続くなか、重い武器を運んだり、都市を守る城壁の設営のために重量物を輸送したりするには、持ち上げつつ移動させるか、地面に接触させたまま引きずる方法しかなかったころですから、最初のうちは地面に丸太を敷いた上に重量物を載せて運ぶだけだったはずです。そのうち重量物を載せる台にコロを固定するようになり、さらに台に車軸を付けて回転部を分離させる技術が開発されたと想像できますね。

さて、古代バビロニアの人々は、どうやって円周率を3.125まで求めることができたのでしょうか。少しだけ皆さんも想像してみてください。

彼らの考えを山本なりに推測してみます。わかりやすいように長さが1mと2mの紐を用意してみましょう（もちろん当時のバビロニアで使われていた長さの尺度は違います）。

　1mの紐の一端を固定し円の中心にします。他方の端には棒を結び付けて地面の上に円を描いたら、円の直径は2mですから、次に長さが2mの紐を地面にできた溝に沿って埋めていきます。2mの紐を3本使用すると円の溝はほとんど埋まりますね。

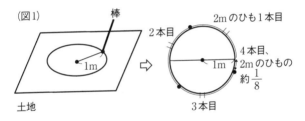

（図1）

棒

土地　1m

2mのひも1本目
2本目
4本目、
2mのひもの
約$\frac{1}{8}$
1m
3本目

　紐がまだ埋まっていない溝の部分に4本目の2mの紐を埋めていき、円の溝がすべて埋まったところで紐に印を付けるとおおよそ$\frac{1}{8}$の位置になります。

　つまり円周は、直径の長さの紐3本と1本の$\frac{1}{8}$の和になっていることがわかりますね。

　このことから円周率は、

$$円周率 = \frac{円周}{直径} \ の比 = \frac{3+\frac{1}{8}}{1} = 3.125$$

であると判断したと考えることができますね。

　では、古代エジプトの人々はどうやって、より精密な値の円周率 3.1605 を求めることができたのでしょうか。

"世界最古の紙"として知られるパピルスに、その秘密が書かれています。それは

　　　円の直径からその長さの$\frac{1}{9}$を引いた数を計算
　　　し、その長さを一辺とした正方形の面積は、
　　　円の面積に等しい

という記述です。

　これを具体的に図示してみると次のようになりますね。

(図2)

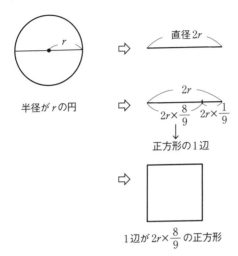

半径が r の円

直径 $2r$

$2r$

$2r×\dfrac{8}{9}$　$2r×\dfrac{1}{9}$

正方形の1辺

1辺が $2r×\dfrac{8}{9}$ の正方形

　古代エジプトの幾何学者たちは高度な幾何学知識を
持っていたことがこの記述からもわかりますが、これ
は最初のうちはおそらく紙に書いた円を細かく細分化
して細長い短冊状の無数の面積に分け、いろいろな大
きさの正方形に敷きつめていくことで得られた結果で
しょう。

　実はこのように円の面積と等しい正方形の面積を考
える問題はこれ以降、

　　与えられた長さの半径を持つ円に対し、定規と

　コンパスのみを用いて、それと面積の等しい正
方形を作図することができるか

という古代ギリシャの三大難問作図問題の一つ「**円積
問題**」として、多くの数学者を悩ませます。この円積
問題を解決することが不可能であることは、なんと
1882年にドイツの数学者フェルディナント・リンデ
マンが証明するのを待たないといけないんですよ。

　どうしてそんなに長い年月を要したかというと、実
はπという数が

　　無理数 (分数で表せない数)

であり、さらに、πは

　　**超越数 (整数を係数に持つ代数方程式の解に
　　ならない数)**

である、というπの本質にかかわる問題を含んでいた
からです。

◆ 古代エジプトの円周率計算法

　話を元に戻しますね。

　　円の直径からその長さの $\frac{1}{9}$ を引いた数を計算
　　し、その長さを一辺とした正方形の面積は、円
　　の面積に等しい

という記述に対し、下のような図を考えました。

(図3)

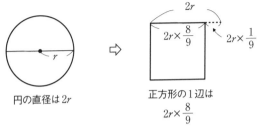

円の直径は2r

正方形の1辺は
$2r \times \dfrac{8}{9}$

これを式で表してみると

（円の面積）＝（正方形の面積）より

$$\pi r^2 = \left(\frac{8}{9} \cdot 2r\right)^2$$

$$\therefore \pi = \left(\frac{16}{9}\right)^2 = 3.16049\cdots \fallingdotseq 3.1605$$

となりますから、確かに円周率 $\pi = 3.1605$ を得ることができますね。

ところで、パピルス紙に載っていた

円の直径からその長さの $\dfrac{1}{9}$ を引いた数を計算し、その長さを一辺とした正方形の面積は、円の面積に等しい

という記述ですが、これをもう少し詳しく考察してみます。

彼らはなぜ「円の直径からその長さの$\frac{1}{9}$を引いた数を正方形の一辺の長さにとると、正方形の面積と円の面積が等しい」と記述したのでしょうか。

もちろん最初のうちは、円を下図のように短冊状に細かく分け、円の面積を長方形の面積から求めたのでしょう。

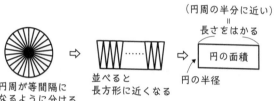

（円周の半分に近い）
長さをはかる
＝
円の面積

円周が等間隔に
なるように分ける

並べると
長方形に近くなる

円の半径

そして半径をいろいろ変えていったとき、たとえば半径を 4.5（直径が9）として、円をできるだけ細かい短冊状にして、長方形に近いものを作ったのでしょう。このとき長方形の横の長さを測ると約 14 になります。

約14

4.5

⇨ 円の面積は4.5 × 14 = 63
⇩
直径が9の円の面積は約63
└ 半径は4.5なので

つまり

と考えて、直径が9の円の面積と、直径から直径の長さの$\frac{1}{9}$を引いた

$$9 - 9 \times \frac{1}{9} = 8$$

を一辺とする正方形の面積が近いことに気付いたのでしょう。

　さらに彼らは、もう少し図形的に考察します。下図のように直径が9の円に外接する正方形を作り、正方形を9等分します。

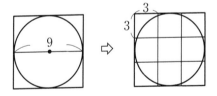

　そして次のような八角形を作ってやると、斜線部の面積と影の部分の面積は<u>視覚的におおよそ同じ</u>と考えて、

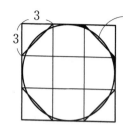

この斜線部分の面積と、斜線部分の
両端の影2つ分の面積がほぼ等しい
と考える

⇩

すると八角形の外にはみ出している
4か所の斜線部分の面積を八角形の
中に取り込むことができる

⇩

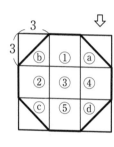

よって円の面積は左図の八角形
の面積に近似されて

（円の面積）

　　= （①～⑤の正方形の面積）

　　　+ （ⓐ～ⓓの三角形の面積）
　　　　　　└→正方形2つ分

　　= (3×3×5) + (3×3×2)

　　= 63

そこで彼らは63に近い平方数を用いて

　（直径が9の円の面積）

　　= 63

　　≒ 8^2 = （一辺の長さが8の正方形の面積）

のように考えて、

（直径が9の円の面積）≒（一辺の長さが8の正方形の面積）

$$9 - 9 \times \frac{1}{9} = 8$$

すなわち、

　　円の直径からその長さの$\frac{1}{9}$を引いた数を計算
　　し、その長さを一辺とした正方形の面積は、
　　円の面積に等しい

という近似を考え出したのでした。

4. 古代ギリシャの天才アルキメデス

◆ **画期的！　演繹法を用いた古代ギリシャ数学**

　古代エジプトや古代バビロニアで学問として成長した数学は、四大文明に遅れて登場したギリシャ文明に受け継がれていきます。

　温暖なエーゲ海に面した地域には、古くはクレタ文明やミケーネ文明が起こりますが、B.C.12世紀ごろに歴史上から姿を消します。滅亡した原因はよくわかっていません。

　その後、B.C.9世紀からB.C.8世紀にかけて有力貴族を中心に人々が集まり、ポリスという都市国家が生ま

れてきます。ポリスに人が多く集まると土地が足らなくなるため、各ポリスは土地と植民地を求めて互いに争い始めます。

その結果急成長したのが、アテネとスパルタという二大ポリスでした。以後この2大ポリスと、エジプトやバビロニアを統一したアケメネス朝（ペルシア）の間で熾烈な戦いが始まります。

そのような背景の中で、古代ギリシャでは各ポリスにおいてそれぞれの法が整備され、政治体制が確立してくると、政治面では各ポリスの利益を考えた活動がなされる反面、文化面ではギリシャ人であるという共通の民族意識をもち、人間的で自由な精神にみちた文化が育っていきます。

数学も、エジプトやバビロニアの数学を受け継いで、新しい数学を形作っていくのですが、以前の文化とは比べ物にならないぐらい洗練されたものでした。

それは今までの数学が、繰り返しの観測で得た経験則に基づいているのに対し、古代ギリシャの数学は、定義や原理から論理を用いて結論を得る演繹法を用いていたからです。

このような数学の祖とも哲学の祖ともいわれるのがタレス（B.C.640（624）ごろ～ B.C.546 ごろ）で、彼は幾

何学を用いてピラミッドの高さを求めています。また
ピタゴラス（B.C.582 ごろ〜 B.C.497 ごろ）は、エジプ
トに旅行して数学や幾何学、天文学を習得したともい
われています。

　さらに「アキレスと亀」（足の速いアキレスは 100m
ほど先にいる亀と競争しても、亀に永遠に追いつかな
いという話。アキレスが亀のいる場所にたどり着いた
とき、亀はさらにわずかでも前進しているから）とい
うパラドックスで有名なゼノン、ギリシャの学問の中
心アカデメイアを開いたプラトン、最初に論理学の本
を著したアリストテレス、そして『幾何学原論』のユ
ークリッドなど、古代ギリシャの数学には多くの賢人
が登場します。

　この当時の数学はユークリッドがまとめたような図
形の諸問題と数論が中心で、古代ギリシャの賢人たち
は図形の中でも特に円や球に関心を持っていたようで
す。

　円、特に円周率の存在は既にお話ししたように、あ
る程度の値はわかっていましたが、円周率の値を初め
て数学的に理論立てて求めた人物が、古代ギリシャ最
高の数学者アルキメデス（B.C.287 ごろ〜 B.C.212 ご
ろ）でした。

　このアルキメデスという人物は、四大数学者は誰かという問いに対して、多くの人が名前を挙げるほどの数学者で、山本も四大数学者の1人には彼を選びます。

　アルキメデスは数学・物理に通じ、また発明家・天文学者として有名ですが、高校生の皆さんなら「アルキメデスの原理」を中学の理科で習った覚えがあるかもしれません。
　その他にも、アルキメディアン・スクリューという螺旋を利用した水をくみ上げるポンプや、てこの原理と滑車を応用した巨大クレーンを考案し、プラネタリウムも作って日食や月食の仕組みも説明できていたそうです。

　アルキメデスが生きた時代は、ローマとカルタゴが激しく戦っていた（ポエニ戦争）ときで、彼が暮らしていたシラクサという小さな都市国家もこの戦いに巻き込まれていました。
　特に第2次ポエニ戦争の時はアルキメデスは60代後半でしたが、彼はそれまでの物理や数学の知識を活用して、シラクサを守るさまざまな武器を発明しています。
　巨大クレーンはシラクサの港に侵入してきたローマ軍の船を排除するのに用いられ、さらに太陽光線を集

めてローマ軍の船を燃やした「アルキメデスの熱光線」も発明したといわれています。

これらの武器の実在についてはルネサンス以降しばしば議論されていて、2005年には巨大クレーンで軍艦を港から排除することができるかの検証や、熱光線で丘の上から港の軍艦を燃やすことができるのかの実験もされ、実際にそれが可能であったことが確認されているそうです。

話を戻しましょう。アルキメデスの数学における発見は、円や球の研究に見ることができます。中でも円周率の正確な値を理路整然と求めた方法は、それ以来1900年もの間、ずっと円周率を理論的に扱う唯一の方法であり続けたのです。

そして2003年2月の東大入試。
数学の入試問題をみた受験生たちは思わず目を疑います。

理系第6問
円周率が3.05よりも大きいことを証明せよ

アルキメデスが円周率を考察してから2200年の時を経て、彼の発想が現代によみがえった瞬間でした。

38

5.　アルキメデスが考えた円周率の計算方法

　この問題に取り組む前に、アルキメデスの円周率の計算方法についてお話ししたいと思います。古代バビロニアや古代エジプトではすでに円周率の存在が知られていたことはもうお話ししましたね。

　当時は円周率はあくまで土地の面積などを計算する道具だったので、円周率＝3ぐらいの扱いでもよかったのです。

　けれども建築や測量において、しだいに円周率が重視され始めると、円周と直径の比を実測によって正確に求めるようになり、バビロニア数学では $\pi = 3 + \dfrac{1}{8}$ = 3.125、エジプト数学では π = 3.1605 とされていました。

　しかしこれはあくまで実験的な値で、円周率を理論と計算によって求めようとしたのは、アルキメデスが最初です。

　ではアルキメデスはどうやって円周率を計算で求めようとしたのでしょうか。

　アルキメデスは、円に正多角形を内接させたものと

外接させたものを比べ、その正多角形の周の長さを比べることで不等式を作りました。

たとえば正6角形の場合、直径が1の円に対し

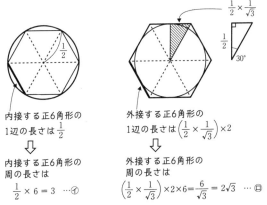

内接する正6角形の
1辺の長さは $\frac{1}{2}$

⇩

内接する正6角形の
周の長さは
$\frac{1}{2} \times 6 = 3$ …㋑

外接する正6角形の
1辺の長さは $\left(\frac{1}{2} \times \frac{1}{\sqrt{3}}\right) \times 2$

⇩

外接する正6角形の
周の長さは
$\left(\frac{1}{2} \times \frac{1}{\sqrt{3}}\right) \times 2 \times 6 = \frac{6}{\sqrt{3}} = 2\sqrt{3}$ …㋺

と正6角形の周の長さがわかります。そして

　　（内接する正6角形の周の長さ）＜（円周）
　　　　＜（外接する正6角形の周の長さ）　…Ⓐ

の関係が成り立ちますね。

　Ⓐの式に㋑と㋺の値を入れると、円周は $1 \times \pi$ ですから

$$3 < \pi < 2\sqrt{3} \fallingdotseq 3.4641\cdots\cdots$$

のように π の値を近似式ではさむことができます。

　アルキメデスは、この正多角形を、正6角形、正12角形、正24角形、正48角形、正96角形と変えて

計算し、

（内接する正多角形の周の長さ）＜（円周）

＜（外接する正多角形の周の長さ）

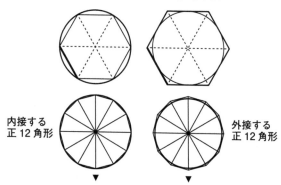

内接する
正12角形

外接する
正12角形

（以下正24角形、正48角形、正96角形を考えた）

の不等式に代入することにより、

$$3\frac{10}{71} < \pi < 3\frac{10}{70}$$

すなわち少数に直すと、

$$3.1408\cdots < \pi < 3.1428\cdots$$

となることから、π＝3.14と少数第2位まで正確に求めたのでした。

　ではアルキメデスの発想をやや現代風にアレンジして、先ほどの東大の問題にチャレンジしてみましょう。

円周率が 3.05 よりも大きいことを証明せよ

(解法1)

（円周率は円の大きさに関係なく一定ですね。
ならばそれをうまく利用してやります。）

xy 平面上に半径が 5 の円を描くと、

（図1）

（図1）のように4点

A(5, 0)，B(4, 3)，

C(3, 4)，D(0, 5)

は全て半径5の円上にあります

（図2）

ね。よって（図2）を見て長さ

を比べると

$$AB + BC + CD < （円周の \frac{1}{4}） \cdots ⓐ$$

となります。

ここで

$$\begin{cases} AB = \sqrt{(5-4)^2 + (0-3)^2} = \sqrt{10} \\ BC = \sqrt{(4-3)^2 + (3-4)^2} = \sqrt{2} \\ CD = \sqrt{(3-0)^2 + (4-5)^2} = \sqrt{10} \end{cases}$$

（2点 A(a_1, a_2)，B(b_1, b_2) のとき
$$AB = \sqrt{(a_1-b_1)^2 + (a_2-b_2)^2}$$
の公式は中学で学んでいます）

これらの値を @ 式に用いると

$$\left.\begin{array}{l} \sqrt{10} + \sqrt{2} + \sqrt{10} < \dfrac{1}{4} \cdot 10\pi \\ 4(2\sqrt{10} + \sqrt{2}) < 10\pi \\ 4\sqrt{2}(\sqrt{20} + 1) < 10\pi \\ 4\sqrt{2}(2\sqrt{5} + 1) < 10\pi \end{array}\right\} \times 4$$

$\sqrt{2} \fallingdotseq 1.414$, $\sqrt{5} \fallingdotseq 2.236$ だから　⟸　これは高校生なら覚えているはず

　　　$30.95 < 10\pi$　より　　　　　$3.095 < \pi$

よって $3.05 < 3.095 < \pi$ より　$3.05 < \pi$ が示された。

（解法2）

（アルキメデスのように正6角形や正8角形を考えて
解くと、もっと気分はアルキメデスです！）

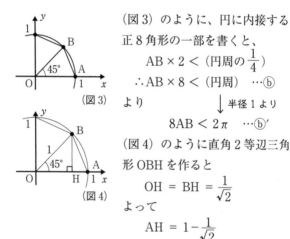

（図3）のように、円に内接する正8角形の一部を書くと、

　　　$AB \times 2 < $（円周の $\dfrac{1}{4}$ ）

　　$\therefore AB \times 8 < $（円周）　…⑥

より　　　↓ 半径1より

　　　$8AB < 2\pi$　…⑥′

（図3）

（図4）のように直角2等辺三角形 OBH を作ると

　　　$OH = BH = \dfrac{1}{\sqrt{2}}$

よって

　　　$AH = 1 - \dfrac{1}{\sqrt{2}}$

（図4）

△ABH に三平方の定理を用いると、

$$AB^2 = BH^2 + AH^2$$
$$= \left(\frac{1}{\sqrt{2}}\right)^2 + \left(1 - \frac{1}{\sqrt{2}}\right)^2$$
$$= \frac{1}{2} + \left(1 - \frac{2}{\sqrt{2}} + \frac{1}{2}\right)$$
$$= 2 - \sqrt{2}$$
$$\therefore AB = \sqrt{2 - \sqrt{2}}$$

これをⓑ′に代入すると

$$8\sqrt{2-\sqrt{2}} < 2\pi \text{ より } 4\sqrt{2-\sqrt{2}} < \pi \quad \cdots ⓑ''$$

ここでボクたちが証明したいのは $3.05 < \pi$ なので $3.05 < 4\sqrt{2-\sqrt{2}}$ になってくれれば最高です。
そこで

$$3.05 < 4\sqrt{2-\sqrt{2}} \quad \cdots ⓒ$$

を調べるかわりに　　　　　　　　　　　　　$\Big\}$ 2乗

$$(3.05)^2 < 16(2-\sqrt{2}) \quad \cdots ⓒ'$$

になっていないかを調べます。

$$(3.05)^2 = 9.3025 \quad \cdots ①$$

$$16(2-\sqrt{2}) ≒ 16 \times (2 - 1.414) = 9.376 \quad \cdots ②$$

ですから、①と②を比べて

$$(3.05)^2 < 16(2-\sqrt{2})$$

$$\therefore 3.05 < 4\sqrt{2-\sqrt{2}} < \pi \Longleftarrow ⓑ'' より$$

となり、$3.05 < \pi$ が成り立つことがわかりました。

ところで実際の入試では、（解法1）でも（解法2）で

もどちらで解いてもいいのですが、三角関数を用いた高校数学らしい解法もありますので、第1部の最後（173ページ〜）に載せておきますね。数Ⅱを学習済みの高2生や受験生、意欲のある大人の皆さんはぜひ読んでみてください。

6.　πへのあくなき探究

　アルキメデスは正多角形を用いて円に外接および内接する正6角形、正12角形、正24角形、正48角形、正96角形の辺の長さを計算することにより

$$3+\frac{10}{71} < \pi < 3+\frac{1}{7}$$

　　すなわち　3.14084＜π＜3.14286

を示すことができましたが、アルキメデス以降の多くの数学者たちもπの値を研究しています。

　2世紀に活躍した古代ローマの数学者・天文学者トレミー（高校1年生の皆さんであればトレミーの定理を教わったときに名前を聞いているかもしれませんね）は、$\frac{377}{120}$を用いてπ＝3.1417を求めています。

　6世紀にはインドの数学者アーリヤバタが、古代ギリシャの数学の流れを受け継いで、インド数学の礎

を作ります。彼は円に内接する正 n 角形と正 $2n$ 角形の周の長さの関係式を求めて、$\pi = \dfrac{3927}{1250}$（＝3.1416）を求めているそうですが、詳しい記録は残っていません。

13世紀の初めには、フィボナッチの数列で有名なイタリアの数学者レオナルド・フィボナッチが、円周率を $\pi = \dfrac{864}{275}$（＝3.1418）と計算しています。

アルキメデスの時代からはかなり遅れますが、π の値を正確に求めることは中国でも行われていて、2世紀には張衡が円に外接する正方形の周と円周を比べて、円周率を $\pi = \sqrt{10}$（＝3.162）としていますし、3世紀には王蕃が $\pi = \dfrac{142}{45} = 3.1555$、三国時代には魏の数学者劉徽が

$$3.14 + \frac{64}{62500} < \pi < 3.14 + \frac{169}{62500}$$

として、3.141024＜ π ＜3.142704を求めています。

さらに5世紀になると南北朝時代の数学者・天文学者・発明家の祖沖之が、当時としては世界で最も正確な評価として

$$3.1415926 < \pi < 3.1415927$$

の値を得ています。この値はヨーロッパでは16世紀まで待たないと得られないものですから、祖沖之のすごさがよくわかりますね。

　それにしても、どうして数学者はこれほどまでに円周率πの値にこだわるのでしょうか。

　そのお話をする前に、14世紀から20世紀にいたるまでのπの値を見てみます。

　今まで見てきた円周率の計算は多かれ少なかれ「円に内接・外接する多角形に基づく近似」というアルキメデスの発想を踏襲したものでした。

　ところが、インドでは1400年ごろ〜1500年代（この当時は世界中でどこよりもインドの数学が進んでいました）、ヨーロッパでは1600年代、日本でも1700年代に、πの別の求め方が始まります。

　それは「級数を利用した近似」です。

　級数というのは簡単に言うと数や関数を無限に足したもので、たとえば

$$1 + \frac{1}{2} + \frac{1}{2^2} + \frac{1}{2^3} + \frac{1}{2^4} + \cdots\cdots \qquad \cdots ⓐ$$

とか

$$1 + \left(-\frac{1}{3}\right) + \frac{1}{5} + \left(-\frac{1}{7}\right) + \cdots\cdots \qquad \cdots ⓑ$$

のようなものですね。

　ところで、ちょっと高校数学で扱う等比数列というものについてお話をしておきます。

数が次のように並んでいるとき、

$$\underset{1,\ \ \ 3,\ \ \ 5,\ \ \ 7,\ \ \ 9,\ \ \ 11,\cdots\cdots}{\overset{+2\ \ +2\ \ +2\ \ +2\ \ +2}{\frown\ \frown\ \frown\ \frown\ \frown}}$$

隣の項との差が一定のものを等差数列といいます。

a_1, a_2, a_3, $\cdots\cdots$、a_n という n 個の数が一定の差 d で並んでいるときは

$$\underset{a_1,\ \ a_2,\ \ a_3,\ \ a_4,\ \ a_5,\cdots,\ a_{n-1},\ a_n}{\overset{+d\ \ +d\ \ +d\ \ +d\ \ \ \ \ \ \ \ +d}{\frown\ \frown\ \frown\ \frown\ \ \ \ \ \ \ \frown}}$$

のようなイメージですね。このとき、a_2 や a_3 などを順に求めてみると

$$
\begin{array}{cccc}
& \overset{+d}{\longrightarrow} & \overset{+d}{\longrightarrow} & \overset{+d}{\longrightarrow} \quad \cdots\cdots \\
a_1, & a_2, & a_3, & a_4, \\
& \| & \| & \| \\
& a_1+d & a_2+d & a_3+d \\
& & \| & \| \\
& & (a_1+d)+d & (a_1+2d)+d \\
& & \| & \| \\
& & a_1+2d & a_1+3d
\end{array}
$$

のようになりますから、a_n は

$$
\begin{array}{ccccc}
\overset{+d}{\frown} & \overset{+d}{\frown} & \overset{+d}{\frown} & & \overset{+d}{\frown} \\
a_1, & a_2, & a_3, & a_4, \cdots\cdots, & a_n, \\
& \| & \| & \| & \| \\
& a_1+d & & a_1+3d & a_1+(n-1)d \\
& \uparrow & a_1+2d & \uparrow & \uparrow \\
\end{array}
$$

2番目の数は
d を1回

3番目の数は
d を2回

4番目の数は
d を3回

n 番目の数は
d を $n-1$ 回
加えて得られる

ことから、

$$a_n = a_1 + (n-1)d$$

と表せることがわかります。

この a_n の式を**等差数列の一般項**といいます。

　ちなみに a_1 から a_n までの和 S_n は、大数学者ガウスが少年時代に一瞬で求めた話が残っています。

　次に数が以下のように並んでいるとき、

$$\overset{\times 2}{\frown}\ \overset{\times 2}{\frown}\ \overset{\times 2}{\frown}\ \overset{\times 2}{\frown}$$
$$1,\quad 2,\quad 4,\quad 8,\quad 16,\ \cdots\cdots$$

隣の項との比が一定になっていますね。このような数の並びを等比数列といいます。

　$a_1,\ a_2,\ a_3,\ a_4,\ \cdots\cdots,\ a_n$ という n 個の数が一定の比 r で並んでいるときは

$$\overset{\times r}{\frown}\ \overset{\times r}{\frown}\ \overset{\times r}{\frown}\qquad\quad \overset{\times r}{\frown}$$
$$a_1,\quad a_2,\quad a_3,\quad a_4,\ \cdots\cdots,\ a_{n-1},\quad a_n$$

のようなイメージですね。このとき a_2 や a_3 などを順に求めてみると、

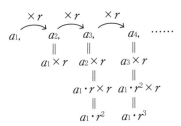

のようになりますから、a_n は、

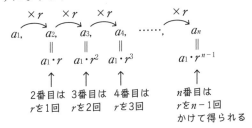

ことより、

$$a_n = a_1 \cdot r^{n-1} \quad \cdots ①$$

と表せることがわかります。

①の式を**等比数列の一般項**といいます。

ここまでは難しくはないですね。

今度はこの等比数列

$$a_1, \quad a_2, \quad a_3, \quad a_4, \quad \cdots\cdots, \quad a_n$$

の和を S_n として

$$S_n = a_1 + a_2 + a_3 + \cdots\cdots + a_n \quad \cdots ②$$

の値がどうなるか調べてみましょう。

①より

$$a_1, \quad a_2 = a_1 r, \quad a_3 = a_1 r^2, \quad a_4 = a_1 r^3, \quad \cdots\cdots$$

とわかりますから、②式に代入してやると

$$S_n = a_1 + a_1 r + a_1 r^2 + a_1 r^3 + \cdots\cdots + a_1 r^{n-1} \quad \cdots ②'$$

が作れます。

ここでちょっと②′を r 倍した式を作ってみると、

どうして r 倍するんだという質問はごもっともですが、まずはやってみましょう。

$$r \times S_n = r \times (a_1 + a_1 r + a_1 r^2 + a_1 r^3 + \cdots\cdots + a_1 r^{n-1})$$

$$= a_1 r + a_1 r^2 + a_1 r^3 + a_1 r^4 + \cdots\cdots + a_1 r^n \quad \cdots ③$$

になりますね。

そこで②′と③を並べて書くと

$$\begin{cases} S_n = a_1 + a_1 r + a_1 r^2 + a_1 r^3 + \cdots\cdots + a_1 r^{n-1} & \cdots ②' \\ r S_n = \quad a_1 r + a_1 r^2 + a_1 r^3 + a_1 r^4 + \cdots\cdots + a_1 r^n & \cdots ③ \end{cases}$$

②′と③の上下がそろうようにちょっと工夫して書きました

になりますから、②′－③を作ると

$$\begin{array}{l} S_n = a_1 + a_1 r + a_1 r^2 + a_1 r^3 + \cdots\cdots + a_1 r^{n-1} \\ -\ )\ r S_n = \quad a_1 r + a_1 r^2 + a_1 r^3 + a_1 r^4 + \cdots\cdots + a_1 r^n \\ \hline (1-r) S_n = a_1 \qquad\qquad\qquad\qquad\qquad\qquad\quad - a_1 r^n \end{array}$$

$$\therefore (1-r) S_n = a_1 (1 - r^n)$$

$$\therefore S_n = \frac{a_1 (1 - r^n)}{1 - r} \quad (r \neq 1 \text{のとき}) \quad \cdots ④$$

が得られます。

この④が**等比数列の和の公式**といわれるものです。

さて準備は整いました。5ページほど前に戻って、級数の話を思い出してください。

$$1 + \frac{1}{2} + \frac{1}{2^2} + \frac{1}{2^3} + \frac{1}{2^4} + \cdots\cdots \quad \cdots ⓐ$$

のように、数を無限に加えたものを級数といいました。そして

$$\underbrace{1 + \frac{1}{2} + \frac{1}{2^2} + \frac{1}{2^3} + \frac{1}{2^4} + \cdots\cdots}_{\text{正の値を無限に加えるとどうなるか}} \quad \cdots ⓐ$$

が本題です。

直感的には正の数をどんどん加えていくのだから、和もどんどん増えるように感じますね。

それを調べるために、まず n 個の数列の和を求めてみます。

$1,\ \frac{1}{2},\ \frac{1}{2^2},\ \frac{1}{2^3},\ \cdots\cdots \left(\frac{1}{2}\right)^{n-1}$ の数の並びに $a_1,\ a_2,\ a_3,\ a_4 \cdots\cdots a_n$ と名前をつけて、各項の特徴を見ると

$$\begin{array}{ccccccc}
& \times\frac{1}{2} & \times\frac{1}{2} & \times\frac{1}{2} & & \times\frac{1}{2} & \\
a_1, & a_2, & a_3, & a_4, & \cdots\cdots, & a_n & \\
\| & \| & \| & \| & & \| & \\
1 & \frac{1}{2} & \left(\frac{1}{2}\right)^2 & \left(\frac{1}{2}\right)^3 & & \left(\frac{1}{2}\right)^{n-1} &
\end{array}$$

のようになっていて、n 個の和 S_n は

$$S_n = a_1 + a_2 + a_3 + a_4 + \cdots\cdots + a_n \quad \cdots ⑤$$

$$= 1 + \frac{1}{2} + \left(\frac{1}{2}\right)^2 + \left(\frac{1}{2}\right)^3 + \cdots\cdots + \left(\frac{1}{2}\right)^{n-1} \cdots ⑤'$$

ですから、⑤'の式を $\frac{1}{2}$ 倍したものを作ると

$$\frac{1}{2} \times S_n = \frac{1}{2}\left\{1 + \frac{1}{2} + \left(\frac{1}{2}\right)^2 + \left(\frac{1}{2}\right)^3 + \cdots\cdots + \left(\frac{1}{2}\right)^{n-1}\right\}$$

$$\therefore \frac{1}{2}S_n = \frac{1}{2} + \left(\frac{1}{2}\right)^2 + \left(\frac{1}{2}\right)^3 + \left(\frac{1}{2}\right)^4 + \cdots\cdots + \left(\frac{1}{2}\right)^n \quad \cdots ⑥$$

そこで⑤'－⑥を作ってみると

$$S_n = 1 + \frac{1}{2} + \left(\frac{1}{2}\right)^2 + \left(\frac{1}{2}\right)^3 + \cdots + \left(\frac{1}{2}\right)^{n-1}$$

$$-)\ \frac{1}{2}S_n = \quad\ \frac{1}{2} + \left(\frac{1}{2}\right)^2 + \left(\frac{1}{2}\right)^3 + \left(\frac{1}{2}\right)^4 + \cdots + \left(\frac{1}{2}\right)^n$$

$$\frac{1}{2}S_n = 1 - \left(\frac{1}{2}\right)^n$$

$$\therefore S_n = 2 - 2\left(\frac{1}{2}\right)^n \quad \cdots ⑦$$

と求めることができます。

つまり@の式について

$$1 + \frac{1}{2} + \left(\frac{1}{2}\right)^2 + \left(\frac{1}{2}\right)^3 + \cdots + \left(\frac{1}{2}\right)^{n-1} + \cdots$$

n 個の合計が S_n

ですから、@の和を S とすると

$$S = 1 + \frac{1}{2} + \left(\frac{1}{2}\right)^2 + \left(\frac{1}{2}\right)^3 + \cdots + \left(\frac{1}{2}\right)^{n-1} + \cdots$$

ここまでが $S_n = 2 - 2\left(\frac{1}{2}\right)^n$ …… ⑦

ということになりますから、n が無限になると（$n \to \infty$ と表します）

このnが宇宙のはての数のイメージ

$$S = 1 + \frac{1}{2} + \left(\frac{1}{2}\right)^2 + \left(\frac{1}{2}\right)^3 + \cdots + \left(\frac{1}{2}\right)^{n-1} + \cdots$$

$2 - 2\left(\frac{1}{2}\right)^n \longrightarrow$ このnがとんでもなく大きくなるイメージ

$\frac{1}{2}$を何度もかけるとどんどん 0 に近づきますね

$$= 2 - 2 \times 0$$
$$= 2$$

というように計算できるのです。

このとき

$$1 + \frac{1}{2} + \frac{1}{2^2} + \frac{1}{2^3} + \frac{1}{2^4} + \cdots \quad \cdots @$$

は 2 に収束するといいます。つまり@の式の和はどんどん 2 に近づいていくということです。

では、ⓑの式

$$1 + \left(-\frac{1}{3}\right) + \frac{1}{5} + \left(-\frac{1}{7}\right) + \cdots\cdots \quad \cdots ⓑ$$

はいくらに収束するでしょうか（この計算は数Ⅲの微積分の知識を必要としますので、数Ⅲの知識がある人は第1部の最後に詳しい解説を入れましたから読んでみてください）。

　実はⓑの値は

$$1 + \left(-\frac{1}{3}\right) + \frac{1}{5} + \left(-\frac{1}{7}\right) + \cdots\cdots = \frac{\pi}{4}$$ ⟵なんとπが出現

に収束します。

　このように14世紀以降は、さまざまな級数の計算でπが出現することがわかり、それを基にしてπの正確な計算をするようになるのです。

　ちなみに、この

$$1 + \left(-\frac{1}{3}\right) + \frac{1}{5} + \left(-\frac{1}{7}\right) \cdots\cdots$$

はライプニッツ級数と呼ばれる有名な無限級数です。

π の現れる級数としては

$$1 - \frac{1}{3} + \frac{1}{5} - \frac{1}{7} + \cdots\cdots = \frac{\pi}{4} \text{（ライプニッツ級数）}$$

$$1 + \frac{1}{2^2} + \frac{1}{3^2} + \frac{1}{4^2} + \cdots\cdots = \frac{\pi^2}{6} \text{（オイラー級数）}$$

$$\frac{1 \cdot 3}{2^2} \times \frac{3 \cdot 5}{4^2} \times \frac{5 \cdot 7}{6^2} \times \cdots\cdots = \frac{2}{\pi} \text{（ウォリスの公式）}$$

が大学入試ではしばしば難問として顔を出します。

　またこれ以外にも多くの級数で π の値が現れるため、数学者にとって π はいつまでも不思議で探究心をかき立てるのです。

7.「はやぶさ」で用いた円周率は16桁

　20世紀に入ると計算機の発達により、円周率の桁数は飛躍的に伸びていきます。特にスーパーコンピューターの開発と効率の良いアルゴリズム（コンピューターで計算を行う時の計算方法）が発見されるたびに、円周率の桁数は途方もない数になり、2022年6月9日には、Google の技術者である岩尾エマはるかさんが、チュドノフスキー級数を用いて100兆桁を計算したそうです。

　それにしてもどうして数学者たちはこれほどまでに

πの精度にこだわるのでしょうか。

　それは今まで見てきたように、πの値が無理数でしかも超越数であるという、未知の値であることもあります（数学者や物理学者は未知のものに対する好奇心が旺盛ですから）が、私たちが日常何気なく耳にする気象衛星は円軌道を描いていることから、πの値がある程度正確でないと役に立たないことがわかりますよね。

　特に天文学や宇宙物理学の世界では、πの精度はとても大切です。小惑星探査機はやぶさは3億kmの旅をして戻ってきましたが、JAXAの発表では、そのときに用いた円周率は16桁だったそうです。

　100兆桁までわかっているのならそれを利用すればいいのに、と思われるかもしれませんが、たとえば指輪を作るときにそれだけの桁数は使いませんよね。指輪の場合はπ = 3.14を用いるのだそうです。

　NASAの発表によると、人類が最も遠くに飛ばした土星探査機ボイジャーの軌道を計算するときに用いた桁数は15桁だったそうです。14桁にした時と15桁にした時の土星到達の誤差が11cmぐらいだということですから、100兆桁を使う場面がくるかはこれからの科学の進化にかかっていますね。

第2章
タルターリアの悲劇

1. 1次方程式の解き方

◆ 古代エジプト人の1次方程式の解き方

　私たちが1次方程式という言葉を最初に耳にしたのは多分中学1年生の数学の時間でしょう。けれども1次方程式が数学の歴史の中に出現したのは、なんと古代エジプトとメソポタミアの時代なんです。

　第1章でお話ししたように、ほぼ同じころにエジプトとメソポタミアで数学が形成されていきますが、エジプト数学が実用第一主義だったのに対し、メソポタミア数学はより学問的に発展していきます。

　古代エジプトではB.C.2500ごろにクフ王のピラミッドが建設されていますから、当然測量術を駆使した数学計算が存在したはずですね。B.C.1850ごろになると、そのピラミッドの体積を求める問題が残っていることから、このころにはすでに小学校高学年レベルの

計算力があったことがうかがえます。

　B.C.1650 ごろには、1次方程式を解く問題がリンドパピルスに残っています。パピルスとは古代エジプトで使われていた記録紙で、スコットランドの弁護士であり古物研究家でもあったリンドが、1858年にエジプトで購入したパピルス（幅33cm，長さ5m以上あるそうです）なので、リンドパピルスと呼ばれています。これには、B.C.1650 ごろの数学の例題84題とその解答が書かれているのです。

　このリンドパピルスにある例題は、食料の配分問題、土地の分割問題、製造のための配合計算、さらに1次方程式、連立方程式、そして驚くべきことに、ライプニッツ級数のところでお話しした等比数列や等比級数の問題も含まれています。

　ところで古代エジプトの人たちは、1次方程式をどのように考えて解いていたのでしょうか。

　リンドパピルスにある 84 の例題のうち26番目の例題文を今風に書くと

　　　　「$x+\dfrac{1}{4}x=15$ …① 　を解け」

なのですが、今の私たちが解くように

　　　　①より

　　　　$\dfrac{5}{4}x=15$ 　∴ $x=15\times\dfrac{4}{5}=12$

とする式変形は確立していませんでした。

　古代エジプトの人々が考えたのは、xを推定する方法で、確かにそれは合理的（理にかなっているという意味で）です。

　　どのように解くかというと、
　　　まず$x = 4$と仮定します。
　　　すると①の左辺は
　　　　$4 + \dfrac{1}{4} \cdot 4 = 5$　…②
　　　になりますね。

　　　そこで①の形に近づけるために両辺を3倍して
　　　　$(4 \times 3) + \dfrac{1}{4} \times (4 \times 3) = 15$　…③

　　　①の式と③の式を比べると
　　　　$x = 4 \times 3 = 12$
　　　とわかるわけです。

　現代の私たちが使う1次方程式の解法とは違いますが、なかなか味のある新鮮な解き方ですね。

　メソポタミアでは、古代エジプトよりも数学的な学問体系が確立していました。これはメソポタミアの地が交通の要衝^{ようしょう}で、商業上の取引が活発であったことと、絶え間ない戦争で常に自衛のための砦^{とりで}の建設や兵

器の製造に、精密な数学が必要であったためだったことはお話ししましたね。

エジプト人はパピルスに記録を残していましたが、メソポタミアの人たちは、粘土板に棒の先端で文字を書き込み、それを乾かして記録としていました。それが楔（くさび）の形に似ているので楔形文字といわれているのですが、パピルスよりもずっと保存がきくため、多くの記録が残っています。

その中には、現代の私たちの1次方程式の解法に似たものがあり、古代バビロニアの人たちにとっては、1次方程式の解法は難しいことではなかったことがわかります。さらに連立1次方程式の解法についての研究や、2次方程式の解法についての記録も残っているそうです。

◆ 代数学の父ディオファントスの墓碑銘

アルキメデスから約500年後の人ディオファントスは、方程式や代数的分野を本格的に研究した最初のギリシャ人数学者で、「代数学の父」とも呼ばれています。

ディオファントスは1次方程式だけでなく、2次方程式や簡単な3次方程式まで研究していたそうで、彼の詳しい生涯についてはほとんどわかっていないのですが、彼の墓碑銘の話はとても有名です。

ディオファントスの墓には次のような問題が記述し

てあったのです。訳に諸説あるので数学の問題らしく
表現を直すと

> ディオファントスの人生は、6分の1が幼少
> 期、12分の1が青年期であり、その後に人
> 生の7分の1が経って結婚し、結婚して5年
> で子供に恵まれた。ところがその子はディオ
> ファントスの一生の半分しか生きずに世を去
> った。自分の子を失って4年後にディオファ
> ントスも亡くなった

　自分の墓碑にこのような文章を残す人もあまりいな
いでしょうが、一体ディオファントスは何歳で亡くな
ったのでしょうか。

　せっかくですから、皆さんもこのディオファントス
の墓碑銘に挑戦してみましょう。使うのは1次方程式
の知識ですよ。まず自分で立式してみてください。

　まずディオファントスが x 歳で亡くなったとしま
す。すると墓碑銘の文章から

　　幼少期……$x \times \dfrac{1}{6} = \dfrac{1}{6}x$（年）　…①

　　青年期……$x \times \dfrac{1}{12} = \dfrac{1}{12}x$（年）　…②

青年期が終わって結婚までの期間……

$$x \times \frac{1}{7} = \frac{1}{7}x\,(年)\quad \cdots ③$$

結婚から子供の誕生まで　……5（年）　…④

子供と共に生きた時間……

$$x \times \frac{1}{2} = \frac{1}{2}x\,(年)\quad \cdots ⑤$$

子供の死から自分の死まで　……4（年）　…⑥

と表わせますね。すると下図の様子から

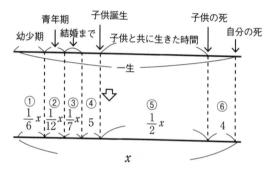

$$\frac{1}{6}x + \frac{1}{12}x + \frac{1}{7}x + 5 + \frac{1}{2}x + 4 = x \quad \cdots ⑦$$

$$\Bigg\rangle \times 84 倍$$

$$14x + 7x + 12x + 420 + 42x + 336 = 84x$$

$$\therefore 9x = 756 \quad より \quad x = 84$$

となり、84歳で亡くなったのでした。

ところで、何とか⑦式

$$\frac{1}{6}x + \frac{1}{12}x + \frac{1}{7}x + 5 + \frac{1}{2}x + 4 = x \quad \cdots ⑦$$

が作れたとして（もちろん当時は⑦のような式では表せていませんが）、古代エジプトの人たちの解法を想像してみましょう。

→⑦をみたす x の見当をつけるのでしたね。

①～⑥の各期の長さは整数年と考えると、

　　x は 6，12，7，2 の公倍数

だと気づきます。

つまり $x=84$，168，252，……ですが、x の値としてはせいぜい $0 \leqq x \leqq 100$ 位と考えるのが妥当ですね。

そこで $x=84$ を代入して⑦式が成り立つことを確かめればいい、ということになります。

ところで、皆さんが1次方程式を教わったのは中学1年生の時だと思いますが、実は大学入試でも1次方程式はいくつも出題されています。有名な問題を2問あげますので、こちらも力試しに取り組んでみてください。

難しくはありませんが、解いてみると、中学と高校の数学の違いを感じ取ることができるはずです。

◆高校数学における1次方程式

> **問題1**
> $ax = b$　を解け。

えー、こんな問題ー、と思うかもしれませんが、実はこれ、れっきとした大学入試問題（しかも医学部)なんです。

だって先生、これなら

$$ax = b \quad \therefore x = \frac{b}{a}$$

でしょう？　と思った高校生の皆さんは、高校の数学にまだ不慣れなので、学年が上がるにつれて、高校数学が苦手になっていく可能性がありますから気をつけてくださいね！

高校数学と中学数学の大きな違いの1つに「**文字の扱い**」というのがあります。

中学生のときは方程式では未知数を x とおいて、あとは x について解くだけでしたが、高校の数学では x の他に文字 a や b がよく出てきます。

$$ax = b \quad \cdots ①$$

より

$$x = \frac{b}{a} \quad \cdots ②$$

としてはいけない理由は、文字の a で割っているためです。

小学生のころに算数で$\frac{1}{0}$のように分母を0にしてはいけないと教わりましたね。子供のころは$\frac{1}{0}$がどうしてダメなのか、ピンとこなかったかもしれません。

「$\frac{1}{0}$の値」についてはいろいろな説明が考えられます。

[説明1]

$\frac{1}{0}$がいくらかを推定してみます。下のように分母をどんどん0に近づけると

$$\underset{\underset{10}{\shortparallel}}{\frac{1}{0.1}} , \underset{\underset{100}{\shortparallel}}{\frac{1}{0.01}} , \underset{\underset{1000}{\shortparallel}}{\frac{1}{0.001}} , \cdots\cdots$$

つまり

$$\frac{1}{0.1} < \frac{1}{0.01} < \frac{1}{0.001} < \cdots\cdots < \frac{1}{0} \to \underset{\text{(無限大)}}{\infty}$$

のようになり

$\frac{1}{0} = \infty$(宇宙の果てまでの、とても人に言えない大きな数)になるから$\frac{1}{0}$は考えないんだよ、というイメージで説明されることもあります。

[説明2]

$\frac{1}{0}$がある値aになるとすると

$$\frac{1}{0} = a \quad \therefore \quad 1 = \underline{0 \times a} \text{ より } 1 = 0 \text{ となり不合理}$$

$\quad\quad\quad\quad\quad\quad\quad\quad \hookrightarrow$ ここは0になる

よって $\dfrac{1}{0}$ の値は存在しない、という初歩的な説明の仕方もあります。

[説明3]

相手が中・高生であれば $y = \dfrac{1}{x}$ の関数を利用します。

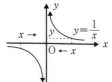

$y = \dfrac{1}{x}$ のグラフで x を0に右側から近づけると、y の値はどんどん大きくなりますね。

また x を左から0に近づけると y の値はどんどん小さくなります。

このことを数Ⅲでは

$$\lim_{x \to +0} y = \lim_{x \to +0} \dfrac{1}{x} = +\infty \quad \cdots \text{ⓐ}$$

┗→ x を右側から0に近づけるという意味

$$\lim_{x \to -0} y = \lim_{x \to -0} \dfrac{1}{x} = -\infty \quad \cdots \text{ⓑ}$$

┗→ x を左側から0に近づけるという意味

のように表すのですが、x を0に近づける場合、正確にはⓐとⓑのように x 軸のどちら側から近づけるかを考えて、ⓐとⓑの値が一致したとき

$$\lim_{x \to 0} y = \lim_{x \to 0} \dfrac{1}{x} = 0$$

と表すことができますが、今はⓐとⓑの値は一致しないので

$$\lim_{x \to 0} y = \lim_{x \to 0} \dfrac{1}{x} = (\textbf{存在しない})$$

と説明することもあります。

つまり
$$ax = b \quad \cdots ① \qquad \therefore x = \frac{b}{a} \quad \cdots ②$$
は $a = 0$ のとき $\frac{b}{0}$ と書いていることになり、存在しない形を用いているため、上の解答は不完全なのです。

では話を戻して、大学入試問題としての
　　　「$ax = b \quad \cdots ①$　を解け」
というのは、どのように解答を作るかというと、

（解答）
　（イ）$a \neq 0$ のとき①は両辺を a で割って
　　　　$x = \frac{b}{a} \quad \cdots ㋑$
　（ロ）$a = 0$ のとき①は　$0 \cdot x = b \quad \cdots ①'$
　　　このときさらに b で場合分けをして
　　（ⅰ）$b = 0$ なら①'は　$0 \cdot x = 0 \quad \cdots ①''$
　　　　　これは x がどんな値であっても①''の等号が
　　　　　成立しますから x は何でもよい。
　　　　　つまり
　　　　　$a = 0$, $b = 0$ のとき x は任意　$\cdots ㋺'$
　　　　　　　　　　　　　　└→このことを
　　　　　　　　　　　　　　　「不定」といいます。
　　（ⅱ）$b \neq 0$ のとき①は　$0 \cdot x = b \quad \cdots ①'''$
　　　　　これは x がどんな値でも①'''の等号をみたす
　　　　　x の値はみつかりませんから、x は解なし。
　　　　　つまり
　　　　　$a = 0$, $b \neq 0$ のとき x は解なし　$\cdots ㋺''$
　　　　　　　　　　　　　　└→このことを
　　　　　　　　　　　　　　　「不能」といいます。

以上④、⑩′、⑩″より

$a \neq 0$ のとき　　　　$x = \dfrac{b}{a}$ …④

$a = 0$, $b = 0$ のとき　　不定　…⑩′　　　　⎫
⎬ 答
$a = 0$, $b \neq 0$ のとき　　不能　…⑩″　　　　⎭

と答えるのが正解です。

> ### 問題2
> $(x-a)^2 + (x-b)^2 = 2(x-c)^2$ を解け。
> ただし a, b, c は定数である。

　一瞬2次方程式かと思いますが、問題の式を展開すると x^2 の項は消えそうです。さては1次方程式で、さらに a, b, c の文字が入っているところを見ると、問題1と同じく文字による場合分けが待っているな……と見抜くところまでできれば、優秀な高1生です。

（解答）

$(x-a)^2 + (x-b)^2 = 2(x-c)^2$ …①

を展開すると

$$\cancel{x^2} - 2ax + a^2 + \cancel{x^2} - 2bx + b^2 = 2\cancel{x^2} - 4cx + 2c^2$$

$$\therefore 2(a+b-2c)x = a^2 + b^2 - 2c^2 \quad \text{…①′}$$

$\left(\begin{array}{l} \text{ここでいきなり } x = \dfrac{a^2+b^2-2c^2}{2(a+b-2c)} \text{ としてはいけない、} \\ \text{というのが問題1の主題でしたね} \end{array} \right)$

（イ）$a+b-2c \neq 0 \Leftrightarrow a+b \neq 2c \cdots ②$ のとき

①′より　$x = \dfrac{a^2+b^2-2c^2}{2(a+b-2c)} \cdots ㋑$

（ロ）$a+b-2c = 0 \Leftrightarrow a+b = 2c \cdots ③$ のとき

①′より　$2 \cdot 0 \cdot x = a^2+b^2-2c^2 \cdots ①''$

（ⅰ）$a^2+b^2-2c^2 = 0 \cdots ④$ なら　①″は

$2 \cdot 0 \cdot x = 0$

よってxは任意（不定）$\cdots ㋺′$

（ⅱ）$a^2+b^2-2c^2 \neq 0 \cdots ⑤$ なら　①″は

$2 \cdot 0 \cdot x = \underset{\underset{0}{\neq}}{\underline{a^2+b^2-2c^2}}$

これをみたすxはない（不能）$\cdots ㋺''$

以上より

$a+b \neq 2c \cdots ②$ のとき　$x = \dfrac{a^2+b^2-2c^2}{2(a+b-2c)} \cdots ㋑$

$a+b = 2c \cdots ③$ かつ

$a^2+b^2-2c^2 = 0 \cdots ④$ のとき　　　不定　$\cdots ㋺′$

$a+b = 2c \cdots ③$ かつ

$a^2+b^2-2c^2 \neq 0 \cdots ⑤$ のとき　　　不能　$\cdots ㋺''$

$\left.\vphantom{\begin{array}{c} a \\ a \\ a \\ a \\ a \\ a \end{array}}\right\}$ 答

というように解ければ、問題1の内容はよく理解できていますが、入試の解答としては不十分！

　山本先生はそんなに甘くはないそうな！

　今求めた、

$$a + b \neq 2c \cdots ② \text{のとき} \quad x = \frac{a^2 + b^2 - 2c^2}{2(a + b - 2c)} \cdots ④$$

$$\left. \begin{array}{l} a + b = 2c \cdots ③ \text{かつ} \\ a^2 + b^2 - 2c^2 = 0 \cdots ④ \text{のとき} \end{array} \right. \quad \text{不定} \cdots ロ'$$

$$a + b = 2c \cdots ③ \text{かつ}$$
$$a^2 + b^2 - 2c^2 \neq 0 \cdots ⑤ \text{のとき} \qquad \text{不能} \cdots ロ''$$

$\boxed{答}$

という答の書き方ですが、

$$\begin{cases} a + b = 2c \cdots ③ \text{かつ} \\ a^2 + b^2 - 2c^2 = 0 \cdots ④ \end{cases}$$

という条件はもっと簡単になります。

③より　$b = 2c - a$　$\cdots ③'$

これを④に代入して

$$a^2 + (2c - a)^2 - 2c^2 = 0$$

$$a^2 + 4c^2 - 4ca + a^2 - 2c^2 = 0$$

$\therefore\ a^2 - 2ac + c^2 = 0$　より　$(a - c)^2 = 0$

$\therefore\ a = c$　$\cdots ⑥$

③'と⑥より　$\boxed{a = b = c \quad \cdots ⑦}$

よって

$$\begin{cases} a + b = 2c \cdots ③ \text{かつ} \\ a^2 + b^2 - 2c^2 = 0 \cdots ④ \text{のとき} \end{cases} \text{不定} \cdots ロ'$$

は改めて

$\boxed{a = b = c \cdots ⑦ \text{のとき}}$　不定$\cdots ロ'$

と表すことができます。

同様に

$$\begin{cases} a+b=2c\cdots③\text{かつ} \\ a^2+b^2-2c^2\neq0\cdots⑤\text{のとき}\quad\text{不能}\cdots\text{ロ}'' \end{cases}$$

という条件は

③より　$b=2c-a$　…③′

これを⑤に代入して

$a^2+(2c-a)^2-2c^2\neq0$

$a^2+4c^2-4ca+a^2-2c^2\neq0$

∴　$a^2-2ac+c^2\neq0$　より　$(a-c)^2\neq0$

∴　$a\neq c$　…⑥′

よって

$$\begin{cases} a+b=2c\cdots③\text{かつ} \\ a^2+b^2-2c^2\neq0\cdots⑤\text{のとき}\quad\text{不能}\cdots\text{ロ}'' \end{cases}$$

は改めて

$a+b=2c\cdots③$かつ　$a\neq c\cdots⑥′$のとき

不能…ロ″

と表すことができます。

これらをまとめて

$$\left.\begin{array}{l} a+b\neq2c\cdots②\text{のとき}\quad x=\dfrac{a^2+b^2-2c^2}{2\,(a+b-2c)}\ \cdots\text{イ} \\ a=b=c\cdots⑦\text{のとき}\quad\text{不定}\cdots\text{ロ}' \\ a+b=2c\cdots③\text{かつ}\ a\neq c\cdots⑥′\text{のとき}\quad\text{不能}\cdots\text{ロ}'' \end{array}\right\}\boxed{答}$$

と書くことができれば、高１生としてはとても優秀です。

2. 2次方程式と解の公式

◆ 「解の公式」の誕生

1次方程式は古代エジプトやメソポタミアの時代から解かれていたとお話ししてきましたが、実は2次方程式も同じ時代に解かれていました。

とはいっても解の公式のようなものがあったわけではなく、たとえばユークリッドは『幾何学原論』の中で、幾何学的手法によって2次方程式を解こうとしています。また代数学の父ディオファントスは、代数的に2次方程式を解いていますが、まだ解の公式には程遠いものでした。

7世紀前半には、インドの数学者ブラフマグプタによって、2次方程式の解の公式が姿を現しますが、それは数式によるものではなく、言葉を使って書かれたものでした。

それから約1000年後、私たちが知っている2次方程式の解の公式が登場します。それは1637年にフランスのルネ・デカルトが刊行した著作に書かれていました。

このデカルトという数学者は4大数学者の1人として名前が挙がる人で、彼が残した「我思う、ゆえに我在り」という名言は、皆さんも倫理や世界史などの授業で聞いたことがあるのではないでしょうか。デカルトは第3章の最重要人物なので、そのときに改めてご紹介しますね。

　ところで、2次方程式を私たちが解くときに利用するのは、因数分解と2次方程式の解の公式ですね。
　与えられた2次方程式が因数分解できるときは、それを利用して解きますし、因数分解ができないときは、解の公式を用いて解くことができます。

　では、2次方程式の解の公式

$$ax^2 + bx + c = 0 \ (a \neq 0) \ のとき$$
$$x = \frac{-b \pm \sqrt{b^2 - 4ac}}{2a}$$

は、どうやって導かれたか覚えていますか。
　そのときに用いる式変形は、高校数学においてとても重要なので、できそうな人はぜひ自分で導いてみてください。

ヒントは、

$$ax^2 + bx + c = 0$$

$$\downarrow$$

平方完成して

$$\downarrow$$

$a\left(x + \boxed{}\right)^2 = \boxed{}$ の形に変形

することです。

実際に証明してみます。

〈2次方程式の解の公式〉

$ax^2 + bx + c = 0\,(a \neq 0)$ の左辺を変形すると

$$a\left\{x^2 + \frac{b}{a}x\right\} + c = 0$$

$$a\left\{\left(x + \frac{b}{2a}\right)^2 - \left(\frac{b}{2a}\right)^2\right\} + c = 0$$

↳ 展開すると1行上の $x^2 + \dfrac{b}{a}x$ になりますね。
この変形を平方完成といいます。

$$a\left(x + \frac{b}{2a}\right)^2 - \frac{b^2}{4a} + c = 0$$

$$a\left(x + \frac{b}{2a}\right)^2 = \frac{b^2}{4a} - c$$

$$a\left(x + \frac{b}{2a}\right)^2 = \frac{b^2 - 4ac}{4a}$$

$a \neq 0$ より

$$\left(x + \frac{b}{2a}\right)^2 = \frac{b^2 - 4ac}{4a^2}$$

$$x + \frac{b}{2a} = \pm\sqrt{\frac{b^2 - 4ac}{4a^2}}$$

$$x + \frac{b}{2a} = \pm\frac{\sqrt{b^2 - 4ac}}{2a}$$

$$x = -\frac{b}{2a} \pm \frac{\sqrt{b^2 - 4ac}}{2a}$$

$$\therefore \ x = \frac{-b \pm \sqrt{b^2 - 4ac}}{2a}$$

となって解の公式が導けました。

◆ 高校数学における2次方程式

では、力試しに次の4問を解いてみましょうか。
問題3、問題4は中3レベル、問題5、問題6は大学
入試の基本レベルです。

> **問題3** $4x^2 = 9x$ を解け。
>
> **問題4** $6x^2 - x - 35 = 0$ を解け。
>
> **問題5** $(a-b)x^2 + (b-c)x + (c-a) = 0$ を解け。
>
> **問題6** $(1+\sqrt{2})x^2 - (3+\sqrt{2})x + \sqrt{2} = 0$ を解け。

まず自力でチャレンジしてみてください。つまずい
たところが皆さんの弱点で、高校数学をマスターする
ための最初の課題でもあります。

> **問題3**
> $4x^2 = 9x$　…①を解け。

（解答）

①より　$4x = 9$　$\therefore \ x = \dfrac{9}{4}$

と解答する人がいますが、これはとんでもない誤答で
す。どうして間違いなのですかって？

だって

$$4x^2 = 9x \cdots ①$$

の両辺を x で割って $4x=9$ としていますが、x が 0 なら割れませんよ。←これは問題1でお話ししたことと同じです。

正しくは、①より

$$4x^2 - 9x = 0$$
$$x(4x-9) = 0$$

∴ $x=0$ または $4x-9=0$

∴ $x=0$ または $x=\dfrac{9}{4}$ 答

方程式は常に
因数分解を考えます！

となります。

問題4

$6x^2 - x - 35 = 0$ …②を解け。

（解1）因数分解に気付ければ、②より

$$(3x+7)(2x-5) = 0$$

∴ $3x+7=0$ または $2x-5=0$

∴ $x=-\dfrac{7}{3}$ または $x=\dfrac{5}{2}$ 答

（解2）解の公式を用いると

$$x = \frac{-(-1) \pm \sqrt{(-1)^2 - 4 \cdot 6 \cdot (-35)}}{2 \cdot 6}$$
$$= \frac{1 \pm \sqrt{1+840}}{12}$$
$$= \frac{1 \pm 29}{12}$$
$$= \frac{5}{2}, \ -\frac{7}{3}$$ 答

ここまでは難しくないですね。では問題5です。

> **問題5**
>
> $(a-b)x^2 + (b-c)x + (c-a) = 0 \cdots ③$
>
> を解け。

(解1) 式の形から因数分解は難しそうに見えます。1度展開すると何かわかるでしょうか。

③より

$$ax^2 - bx^2 + bx - cx + c - a = 0$$

この式は x については2次式ですが、

$a,\ b,\ c$ については1次式です。

そこで $a,\ b,\ c$ について整理してみると……。

$$\left(\underbrace{ax^2} - \underbrace{bx^2 + bx} - \underbrace{cx + c - a} = 0 \right)$$
のように組みかえます

$$(x^2-1)a - (x^2-x)b - (x-1)c = 0$$

$$\underline{(x-1)}(x+1)a - x\underline{(x-1)}b - \underline{(x-1)}c = 0$$
└→ x－1 が共通因数で見えてきました。

$$(x-1)\{(x+1)a - xb - c\} = 0$$

$$(x-1)\{(a-b)x + (a-c)\} = 0$$

∴ $x - 1 = 0 \cdots ③'$ または $(a-b)x + (a-c) = 0 \cdots ③''$

さあ③″は1次方程式で文字を含んでいますから、場合分けが待っています。

└→ ここからは問題1の考え方を使います。

$(a-b)x+(a-c)=0\cdots③''$ について

（イ）$a-b\neq0 \Leftrightarrow a\neq b\cdots④$ のとき　③'' は

$\quad (a-b)x=c-a$

$\quad \therefore x=\dfrac{c-a}{a-b}\cdots⑦$

（ロ）$a-b=0 \Leftrightarrow a=b\cdots⑤$ のとき　③'' は

$\quad 0\cdot x+(a-c)=0$

$\quad \therefore 0\cdot x=c-a\cdots⑥$

（ⅰ）$c-a=0 \Leftrightarrow a=c\cdots⑦$ のとき

$\quad$⑥は $0\cdot x=0$

$\quad$よって不定$\cdots$ロ'

（ⅱ）$c-a\neq0 \Leftrightarrow a\neq c\cdots⑧$ のとき

$\quad$⑥は $0\cdot x=\underset{\overset{\neq}{0}}{\underline{c-a}}$

$\quad$よって不能$\cdots$ロ''

以上より

$x-1=0\cdots③'$ の解 $x=1$ と、$(a-b)x+(a-c)=0\cdots③''$
の解⑦、ロ、ロ'をまとめて

$\quad a\neq b\cdots④$ のとき $x=1,\ x=\dfrac{c-a}{a-b}\ \cdots⑦$

$\quad a=b\cdots⑤$ かつ $a=c\cdots⑦$ すなわち

$\quad\quad a=b=c$ のとき $x=1$, 不定$\cdots$ロ'

$\quad\quad$だからまとめて不定

$\quad a=b\cdots⑤$ かつ $a\neq c\cdots⑧$ のとき

$\quad\quad$（まとめて $a=b\neq c$ のとき）$x=1$

$\Big\}$ 答

のように解きます。

なるほど、高校数学の方程式では問題1をベースに
した場合分けがとても大切だとわかりました。

（解2）因数分解できることに気付かないときは、解
の公式に頼ることになります。
　けれども解の公式は2次方程式で用いるものですか
ら、③式でx^2の係数$a-b$が0だと③は2次方程式に
ならず、使えません。なるほど、やはり場合分けをす
る必要がありそうです。

（イ）$a-b \neq 0$のとき、解の公式から

$$x = \frac{-(b-c) \pm \sqrt{(b-c)^2 - 4(a-b)(c-a)}}{2(a-b)}$$

$$= \frac{-(b-c) \pm \sqrt{4a^2+b^2+c^2-4ab+2bc-4ca}}{2(a-b)}$$

$$\left(\begin{array}{l} \text{気付きにくいですが……} \sqrt{} \text{内は} \\ 4a^2+b^2+c^2-4ab+2bc-4ca=(2a-b-c)^2 \\ \text{になっています} \end{array} \right)$$

$$= \frac{-(b-c) \pm \sqrt{(2a-b-c)^2}}{2(a-b)}$$

$$= \frac{-(b-c) \pm (2a-b-c)}{2(a-b)}$$

$$= \begin{cases} \dfrac{-(b-c)+(2a-b-c)}{2(a-b)} = \dfrac{2(a-b)}{2(a-b)} = 1 \\[4mm] \dfrac{-(b-c)-(2a-b-c)}{2(a-b)} = \dfrac{2(c-a)}{2(a-b)} = \dfrac{c-a}{a-b} \end{cases}$$

$\therefore\ a \ne b$ のとき　$x = 1,\ \dfrac{c-a}{a-b}$　…ⓐ

（ロ）$a - b = 0$ のとき　③式は

$0 \cdot x^2 + (b-c)\,x + (c-a) = 0 \overset{a=b \text{より}}{\underset{\downarrow}{}}$

$\therefore (b-c)\,x = a - c$ より　　$(b-c)\,x = (b-c)$　……⑨

（ⅰ）$b - c = 0$ のとき　⑨は $0 \cdot x = 0$　$\therefore x$ は不定

　　　よって $a = b = c$ のとき　不定　…ⓑ

（ⅱ）$b - c \ne 0$ のとき　⑨より $x = \dfrac{b-c}{b-c} = 1$

　　　よって $a = b,\ b \ne c$ のとき　　$x = 1$　…ⓒ

以上、ⓐ，ⓑ，ⓒより

$$
\left.
\begin{array}{ll}
a \ne b \text{ のとき} & x = 1,\ \dfrac{c-a}{a-b} \\[2mm]
a = b = c \text{ のとき} & \text{不定} \\[2mm]
a = b,\ b \ne c \text{のとき} & x = 1
\end{array}
\right\}\ \boxed{答}
$$

　　└→ これは $a = b \ne c$ とも書けます

と解くことができます。文字が入ると、高校数学は場合分けが面倒になることがわかりますね。

【問題6】

　$(1 + \sqrt{2})\,x^2 - (3 + \sqrt{2})\,x + \sqrt{2} = 0 \cdots$⑩を
　解け。

（解答）

　これはちょっと因数分解できそうにないので、
　解の公式を使ってみます。

⑩に解の公式を用いると

$$x = \frac{(3+\sqrt{2}) \pm \sqrt{(3+\sqrt{2})^2 - 4(1+\sqrt{2})\sqrt{2}}}{2(\sqrt{2}+1)}$$

$$= \frac{(3+\sqrt{2}) \pm \sqrt{11+6\sqrt{2}-4\sqrt{2}-8}}{2(\sqrt{2}+1)}$$

$$= \frac{(3+\sqrt{2}) \pm \sqrt{3+2\sqrt{2}}}{2(\sqrt{2}+1)}$$

$$\left(\begin{array}{c} \text{さあ、ここは少し気付きにくいですが} \\ \sqrt{3+2\sqrt{2}} = \sqrt{(\sqrt{2}+1)^2} = \sqrt{2}+1 \text{ですよ} \end{array} \right)$$

$$= \frac{(3+\sqrt{2}) \pm (\sqrt{2}+1)}{2(\sqrt{2}+1)}$$

$$= \begin{cases} \dfrac{3+\sqrt{2}+\sqrt{2}+1}{2(\sqrt{2}+1)} = \dfrac{2(2+\sqrt{2})}{2(\sqrt{2}+1)} = \dfrac{\sqrt{2}(\sqrt{2}+1)}{\sqrt{2}+1} = \sqrt{2} \\[3mm] \dfrac{3+\sqrt{2}-(\sqrt{2}+1)}{2(\sqrt{2}+1)} = \dfrac{2}{2(\sqrt{2}+1)} = \sqrt{2}-1 \end{cases}$$

有理化をします

となり

$$x = \sqrt{2},\ \sqrt{2}-1 \quad \boxed{答}$$

を得ますね。

（別解）

先生、因数分解できませんか？　という皆さんのご要
望にお応えして

$$(1+\sqrt{2})\,x^2-(3+\sqrt{2})\,x+\sqrt{2}=0 \cdots ⑩$$

を因数分解して解いてみると

$$\{(1+\sqrt{2})\,x-1\}(x-\sqrt{2})=0 \cdots ⑪$$

┗→ 展開してみると
$$(1+\sqrt{2})\,x^2-\sqrt{2}\,(1+\sqrt{2})\,x-x+\sqrt{2}=0$$
$$(1+\sqrt{2})\,x^2-(\sqrt{2}+2)\,x-x+\sqrt{2}=0$$
$$(1+\sqrt{2})\,x^2-(3+\sqrt{2})\,x+\sqrt{2}=0$$
　　となり⑩の左辺と一致しますね。

$$\therefore (1+\sqrt{2})\,x-1=0 \quad または \quad x-\sqrt{2}=0$$

$$\therefore x=\frac{1}{\sqrt{2}+1} \quad または \quad x=\sqrt{2}$$

$$\therefore x=\sqrt{2}-1 \quad または \quad x=\sqrt{2}$$

┗→ ここは有理化しました

と一瞬で解けましたね。

　ところで

$$(1+\sqrt{2})\,x^2-(3+\sqrt{2})\,x+\sqrt{2}=0 \cdots ⑩$$

の両辺に $\sqrt{2}-1$ をかけて整理すると

$$x^2+(1-2\sqrt{2})\,x+\sqrt{2}\,(\sqrt{2}-1)=0 \cdots ⑫$$

になります。

　この形の方が解の公式も使いやすいし、因数分解も
しやすいので、2次方程式の2次の係数はできるだけ
簡単にした方がいいことも知っておくと、式変形のセ
ンスがよくなりますよ。

◆ 4000年前の2次方程式の解き方

　私たちはこのように、因数分解やデカルトが示して
くれた解の公式を用いて、すべての2次方程式を解く
ことができますが、前にお話ししたように、2次方程
式の解法自体は古代エジプトやメソポタミアの時代か
ら考えられていました。

　1次方程式がこの時代に考えられていたことにはそ
れほど驚かない人でも、今から4000年以上も前に2
次方程式の解法が存在したことはすごいと思うはず。
この時代は文字はありましたが、数式で表すことはで
きていません。では一体どうやって2次方程式の解を
求めていたのでしょう。

　普段の授業ではやらないことですが、本書で特別に
4000年以上も前の2次方程式の解法をお見せすること
にします。ポイントは……そう、彼らが持っている知
識は図形だったのです。

〈2次方程式の幾何学的解法〉
話の筋がわかりやすいように、

$$x^2 - 4x + 3 = 0 \quad \cdots ①$$

の解を図に描くことによって求めることにします。

まず x の係数 -4 の符号を変えた4を線分BCの長さ

とします。

そしてBCを直径とする半円を描きます⇨（図1）

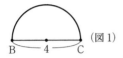

（図1）

次にこの円周上の点AをBCとの距離が$\sqrt{3}$であるようにとります。

①の定数項を$\sqrt{}$したもの

古代エジプトの人々は$\sqrt{3}$の値は正確には知りませんでしたが、正方形の面積が3のとき1辺の長さは、実際に図を書いて約1.73…と知っていました。

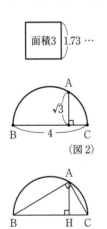

面積3　1.73…

つまり

$\sqrt{3} = 1.73\cdots$

↳面積からの正方形の1辺の長さ
（当時は$\sqrt{3}$の表現はない）

なので、AとBCの距離が
$\sqrt{3} = 1.73\cdots$ の位置にAをとれますね。⇨（図2）

（図2）

そこで△ABCに着目するとAからBCに下ろした垂線の足をHとして3つの直角三角形

　　　△ABC, △HBA, △HAC

が見つかります。⇨（図3）

（図3）

$$\left(\begin{array}{l}\text{点Aは円周上の点ですから}\\ \qquad \angle\text{BAC}=90°\\ \text{ですね}\end{array}\right)$$

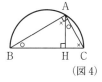

(図4)

このとき（図4）のように○、×の角がとれます。つまり3つの3角形は相似で、特に

$$\triangle\text{HBA}\backsim\triangle\text{HAC}$$

ですから

$$\frac{\text{AH}}{\text{BH}}=\frac{\text{CH}}{\text{AH}}$$

すなわち AH²＝BH×CH…②

が成り立ちますね。

ここで AH＝$\sqrt{3}$ ですから②は BH×CH＝3…②′

また BH＋CH＝BC＝4 ですから BH＋CH＝4…③

②′、③をみたす BH、CH の値の1つは

BH＝3, CH＝1 ⇨ $x^2-4x+3=0$ の解 $x=3$, 1 と一致していますよ。

(図5)

つまり $x^2-4x+3=0$ の解 は（図5）を書いて BH と CH の長さを測って求めていたのです。すごいですよね。

でも先生、どうして $x^2-4x+3=0$ の解を求めるとき

$$x^2-4x+3=0$$
$$\qquad\downarrow\qquad\downarrow$$
$$\text{BCの長さ}\quad\sqrt{3}\text{をAHの長さ}$$

にとると、うまく2解が BH, CH の長さになるの？

と思ったキミやあなたは、もう立派な数学者です！

理由が気になる人は、気合を入れて、次の（注）に進んでください。ふ〜ん、古代エジプト人恐るべし……とだけ思った人は（注）は読まないこと‼

（注）古代エジプト人の解法を現代風に説明するとこうなります。

$x^2 - mx + n = 0 \cdots$ⓐの2解を $x = \alpha, \beta$ とすると
ⓐは $(x - \alpha)(x - \beta) = 0 \cdots$ⓐ′ と因数分解できているはず。

ⓐ′ ⇔ $x^2 - (\alpha + \beta)x + \alpha\beta = 0 \cdots$ⓐ″ ですから
ⓐとⓐ″ を比べて

$$\begin{cases} \alpha + \beta = m \\ \alpha\beta = n \end{cases} \cdots Ⓐ$$

が成り立ちますね。⇦ 数Ⅱではこれを**解と係数の関係**といいます。

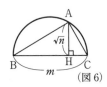

（図6）

すると（図6）のように3点A, B, CとHをとったとき、
△HBA∽△HAC が成り立ちますから

$$\frac{AH}{BH} = \frac{CH}{AH}$$

$$\therefore AH^2 = BH \cdot CH$$

となります。

ここで AH=$\sqrt{n}$ なので BH・CH=n　…ⓑ

また BH＋CH＝BC より BC＝m のとき

$$\text{BH} + \text{CH} = m \quad \cdots ⓒ$$

つまり $\begin{cases} \text{BH} + \text{CH} = m \\ \text{BH} \cdot \text{CH} = n \end{cases}$ $\cdots ⓑ$ が言えますね。

ここで $\begin{cases} \alpha + \beta = m \\ \alpha \beta = n \end{cases}$ $\cdots Ⓐ$ と見比べると

$$\text{BH} = \alpha, \quad \text{CH} = \beta$$

が対応することに気付いてしまったみなさんは、

$$x^2 - mx + n = 0 \quad \cdots ⓐ$$

の2解 α, β は（図6）の BH が α、CH が β になっていて、（図6）の BH，CH の長さを測れば、それが2解 α, β だったということもわかるわけです。

あっ、キミは最後まで（注）を読んだな！ 説明の面白さに気付いたあなたはぜひ数学科を目指してください♡

3. 3次方程式の解にまつわる数学者の争い

◆ 1000年間の数学暗黒時代

　古代ギリシャの時代は、素晴らしい数学者を多数輩出しましたが、古代ローマの時代は実学主義が先行し、学問的な数学はほとんど発展しませんでした。

　そして西ローマ帝国の崩壊（476年）以降、東ローマ帝国が滅亡（1453年）するまで、有名な数学者はほとんど世に現れていません。

　その理由はいろいろありますが、ひとつにはこの期間は、ずっと国家と国家、民族と民族の間に争いが絶えず、強力な国家や民族が文明国を滅ぼすことが続き、学問の暗黒時代を作り上げてしまったことがあります。

　またもう一つの原因としてよく挙げられることですが、キリスト教と科学との相容れない関係もあったようです。
　ローマでキリスト教がどんどん広まっていったとき、キリスト教は天文学・物理学・数学などのさまざまな科学を迫害したといわれています。
　山本は宗教学者ではないので、この時代の宗教の流れはわかりませんが、アレクサンドリア図書館が焼き討ちされ、貴重な学術書がすべて灰燼（かいじん）に帰したとか、天文学や数学などを学んでいた人々は拷問（ごうもん）をうけたという記録が残っているそうです。

　どうしてこのようなことが起こったのか。巷（ちまた）でよく言われているのは、「キリスト教を唯一の真理」とする教義と、科学が導く真実とが、相反する内容であっ

たからであるということです。

それが一番わかりやすいのは、キリスト教の天動説と科学者が主張する地動説の関係でしょうか。

また0や負の数を数と考えないキリスト教にとっては、それらを導入して数学の学問を一層体系化しようとする数学者は、とても受け入れられないものだったのだろうと思います。

◆ 3次方程式の「解の方式」の発見

さて、西ローマ帝国の崩壊からおよそ1000年の数学暗黒時代を経て、時は16世紀へ。

15～16世紀のヨーロッパは、中世カトリックの伝統的な世界観が大きく揺らいでいました。私たちが世界史で学ぶ「新航路の発見」「宗教改革」「ルネサンス」という時代の流れによって、ヨーロッパは中世から近代への道を歩み始めたのでした。

特にルネサンスは14世紀から16世紀にかけてイタリアからヨーロッパに広がった文化運動で、ギリシャやローマの古典文化を再検証しつつ、現実世界を見直すことにより、芸術だけでなく天文学・数学・物理学・解剖学・建築などのさまざまな分野に新しい科学的精神を育てていきます。

　そんな時代背景の中で、3次方程式の解の公式を最初に発見したのが、イタリア北部で生まれたデル・フェッロ（1465〜1526年）という人です。デル・フェッロは1496年にはボローニャ大学で代数学と幾何学の講師に任命され数学者として名をはせますが、彼の研究は何も残っていません。ただ自分の研究を公開する代わりに、限られた友人や学生だけにその知識を見せていました。

　デル・フェッロがこのように自分の研究を公に発表しなかったのには訳があります。

　ルネサンスに台頭してきたさまざまな研究者・芸術家を高く評価する中で、イタリアを中心とするヨーロッパの貴族たちの間では、特に数学者に対して宮中で数学対決をさせる、いわば数学オリンピックのような公開討論が大流行していました。

　この公開討論では、数学者が他の数学者の挑戦を受け入れたとき、互いに相手の提示する問題を解決することで勝ち負けを決めました。当然のことですが、敗者は名声も財産も、さらには大学での地位など、それまでに得たものすべてを失うことになったのです。

　3次方程式の解法は当時の公開討論のテーマとしては最難問の課題の一つでしたが、3次方程式の解の公

式を発見したデル・フェッロは、さらなる名声よりも、安定した生活を求めていたようです。

なので、デル・フェッロ自身は挑戦されることを恐れており、最大の発見を秘密にしていたのでした。

けれども彼は、自分の重要な発見をすべてノートに記録だけはしていました。そのノートは1526年に彼が亡くなった後、娘フィリッパと結婚した数学者ネイブに相続されます。

デル・フェッロが発見した3次方程式の解の公式は
$$x^3 + ax = b$$
という形の3次方程式に対するものでした。当時はまだ「負の数」という概念があまり一般化していなかったため、係数 a, b は正の数になっています。これは先にお話ししたキリスト教の教義の影響が大きかったようです。この3次方程式は、私たちが一般的に考える3次方程式の形
$$ax^3 + bx^2 + cx + d = 0$$
と比べると特殊に見えますが、実は一般の3次方程式は $x^3 + ax = b$ に変形できることが以降の発見でわかるので、本質的には3次方程式を解いたのはデル・フェッロだといわれています。

　さて、デル・フェッロの死後、弟子のフィオーレが
デル・フェッロの解の公式を受け継ぎます。彼は挑ん
でくる数学者たちの3次方程式の難問を次々と解いて
いったため、フィオーレはかなりの富と名声を得たよ
うです。

◆ フィオーレvsタルターリア

　当時の公開討論「3次方程式の部」ではフィオーレの
独壇場と化していましたが、風采の上がらないイタリ
アの数学者が、同様に3次方程式を解いていることが
フィオーレの耳に入ります。

　その名はニコロ・フォンタナ（通称タルターリア、
1499〜1557年）。ニコロの父は配達人で、ブレシア
の貧しい家に生まれますが、6歳のころに父が亡くな
り、13歳のころにフランスが侵攻してきたため、幼
少期は実に苦しい生活をしていたようです。ブレシア
軍は必死に抵抗しましたが町は陥落。フランス兵によ
ってニコロも顎を割られ普通に話せなくなったため、
口が自由にきけないという意味のあだ名、タルターリ
アで呼ばれることが多くなりました。

　タルターリア（本名よりこちらの方が有名なのでこ
こからはニコロ・フォンタナよりも通称で通します）
は、文字も含めてほとんどを独学で勉強しますが、次

第にイタリアの数学者・工学者・測量士としての高い
手腕を発揮し始めます。

　そのタルターリアが3次方程式を解けるらしいとい
う噂がフィオーレの耳にも届きます。フィオーレはタ
ルターリアと直接対決すべく、タルターリアを公開討
論の舞台に引っ張り出します。

　1535年の初め、宮廷で行われた公開討論は、3次方
程式をテーマに互いが30問ずつ出し合い、30日後に
多く解けた方が勝ちというものでした。タルターリア
は公開討論の数日前に、デル・フェッロの3次方程式

$$x^3 + ax = b$$

だけでなく、独力で

$$x^3 + ax^2 = b$$

の形の3次方程式の解法も発見します。これによりフ
ィオーレはタルターリアが出した問題にほとんど手も
足も出ず、タルターリアはフィオーレの出した3次方
程式をすべて解くことができて、一気にイタリアの数
学界の頂点に立つ一人になったのです。負けたフィオ
ーレのその後は、ほとんど何も知られていないことか
ら、寂しい晩年を送ったのでしょうね。

　一躍名声を得たタルターリアは勢いに乗り、ルネサ
ンスの象徴である古代ギリシャや古代ローマの数学に

も目を向け、ユークリッドやアルキメデスの著作を研究していきます。

そして彼は1543年にユークリッドの『幾何学原論』を、ヨーロッパで最初の近代語訳であるイタリア語版として出版します。

およそ200年の間、ヨーロッパでは、アラビア語版をもとに訳されたラテン語版の『幾何学原論』が使われていましたから、彼のイタリア語版はヨーロッパ中から大きな称賛を受けることになりました。

◆ 奇人カルダノ

一躍時の人となったタルターリアの周りには、3次方程式の解法を求めて、多くの数学者が集まります。

そのうちの一人にイタリアのジェロラモ・カルダノ（1501 ～ 1576年）がいます。カルダノの父親はレオナルド・ダ・ヴィンチの友人だったらしく、数学の才能にも恵まれた法律家だったそうですが、身持ちが悪く、カルダノも私生児として生を受けたため、あまり望まれた出生ではなかったのでした。

このカルダノという人物がのちにタルターリアと大きな関わりを持つ人物なので、すこしカルダノについて触れていきますが、一言でいうと「奇人の中の奇人」。奇人を絵にかいたような人物だったんです。

実はカルダノの父親もなかなかの変わった人で、町ではあまり見かけない紫色の服に黒い頭巾といういでたちだったといいますから、見るからに怪しいですね。若いころに怪我をして頭の骨が少し削られてもいたようです。

　カルダノはというと、1520年にパヴィア大学に入学して医学を修め、さらに薬学を学ぶためにパドヴァ大学にも通っています。父親譲りの奇人変人ですから他人にも心を許さず、友人も皆無。大学を卒業してからも無職の状態が続きます。

　それでも彼自身は医者こそが自分の天職と考えていたようで、自伝『わが人生の書』の中で、自分の容姿や性格・健康などにも細かく触れていて、特に健康に関しては、自分が持っている10番目の病気として不眠症をあげ、それに対する自分の所見・治療法を事細かに分析し、さまざまな処方も残されています。

　その処方もさすがに奇人だけあって、「眠れないときは1000までの数を何度も数えながらベッドの周りを歩き回る。断食をしたり、食事の量を半分に減らす。睡眠薬などの薬は用いず、代わりにポプラの膏薬・熊の脂肪・ヒツジ草の香油を体の17か所に塗る（以下塗る場所も記述）」といった具合でした。

　そんな超奇人変人のカルダノですが、次第に医師として の頭角を現し、イギリスでエジンバラの大司教の 病を治すなど、ヨーロッパトップクラスの名医との評 価を受けるようになります。1543年にはパヴィア大 学の医学教授に任ぜられます。

　このように本業は医者でしたが、他の才能も豊かだ ったようで、数学者・哲学者・発明家としても知られ たルネサンスの代表人物でもあり、ある時は占星術 師、またある時は賭博師と胡散臭さプンプンの人物で もあったんです。

　さてそんな奇人変人の代表カルダノですが、彼は数 学者としても一流であったため、3次方程式の解法に はことのほか夢中になってしまいます。1534年には ミラノ大学で数学の教授もしており、16年にわたり さまざまな論文を発表していますから、彼が単なる奇 人ではないこともわかりますね。

　1535年のフィオーレ対タルターリアの公開討論は カルダノにとっても最も興味をそそられる一戦で、こ の公開討論に完全勝利したタルターリアに急接近しま す。

　デル・フェッロやその弟子のフィオーレがそうであ ったように、タルターリアもまた自らが発見した3次 方程式の解法は門外不出とし、誰にも明かそうとはし

ませんでした。けれども自分が夢中になっている3次
方程式の解法を何としても知りたいカルダノは、さま
ざまな手段を用いて、タルターリアを口説きにかかり
ます。

　きっと日本であれば、
「鮨の名店すきやばし次郎に連れて行くから、3次
　方程式の解き方を教えてくれよ」
「銀座の高級クラブに招待するから、解き方のとっ
　かかりの部分だけでもみせてくれないか」
「解き方のヒントだけでいいから教えてくれたら、
　俺が持っている数学の知識をすべてきみに公開する
　よ」
なんて調子でしょうか。

◆ 3次方程式の「解の公式」を一般公開

　カルダノのあまりのしつこさと熱心さに負けたタル
ターリアは、絶対に公開しないことを条件に、解法の
ヒントを教えてしまうのです。

　カルダノは弟子のフェラーリと研究を続け、ついに
タルターリアの3次方程式の解法の全容を把握しま
す。すぐにでも書籍にして全世界に発表したいところ
ですが、タルターリアとの約束があり、しばらくは控
えていました。

　タルターリアが『幾何学原論』を出した 1543 年、カルダノはフェラーリを連れて、ボローニャにデル・フェッロの娘婿ネイブを訪ねて行き、デル・フェッロの遺作であるノートを見せてもらうことに成功します。そして弟子のフィオーレに受け継がれた 3 次方程式の解法を手に入れたのです。

　その解法の一部はタルターリアの解法にもあったため、カルダノは 3 次方程式の解の公式はタルターリアだけのものではないと考え、ついに 1545 年『偉大なる術（アルス・マグナ）』を出版し、3 次方程式の解の公式を一般公開します。弟子のフェラーリが発見した 4 次方程式の解の公式もあわせて載せているので、もしかしたらカルダノは、自分たちのほうが方程式論は先行していると考えていたのかもしれません。

　記録が残っていないので詳細はわかりませんが、裏切られたと思ったタルターリアはすぐさま公開討論をカルダノに申し込みます。けれどもお互いの主張がぶつかり勝負はつかなかったようです。

　怒りが治まらないタルターリアは 1548 年にふたたび公開討論を一方的に宣告したようです。カルダノはこの公開討論に出場せず、26 歳の秘蔵弟子フェラーリに託したのでした。

このルドヴィコ・フェラーリ（1522 〜 1565年）という人物は、14歳でカルダノの家で下働きとして働き始めますが、やがて数学の才能を見いだされ、研究の手伝いまで任されるようになります。

　残念ながらタルターリアとフェラーリの公開討論の結果ははっきりと記録に残っていないのですが、フェラーリが圧勝したというのが定説です。それはこの公開討論のあと、フェラーリの名声は高まり、皇帝から息子の家庭教師の依頼もあったことがわかっているからです。
　フェラーリは1565年に43歳でボローニャ大学の数学教授になりますが、その年に姉によりヒ素で毒殺されたらしいので、あまり幸せな人生ではなかったのかもしれませんね。

◆ カルダノの功績

　これだけ聞くと、なんかカルダノって悪い奴だなあと印象を持つ人もいると思いますが、実は彼は著作『アルス・マグナ』の中で、3次方程式の代数的解法の先駆者であったデル・フェッロを評価し、さらに独力でデル・フェッロの解の公式に辿り着いただけでなく、独自の解法も発見したタルターリアのことを褒め称えていますから、決してタルターリアの名誉を奪ったわけではありません。ですが、やはり約束を守らず

公開されたことに、タルターリアは我慢ならなかった
のでしょうね。

　そんなこんなで3次方程式の解の公式が生まれるま
でには、激しい公開討論がありましたが、後世3次方
程式の解の公式は『アルス・マグナ』で記述された解
法が用いられたため、「カルダノの公式」として名が
残ることになります。

　カルダノは確かに奇人変人でしたが、私たちが見逃
してはいけない彼の功績があります。
　それはこの当時数学的知識は1人だけが隠し持って
いる秘法であり、師から弟子へと伝えていくだけだっ
たのに対し、カルダノはそれをしっかりと世間に公表
したことです。これにより数学者＝妖しげな数秘術師
のイメージを打破し、近代的数学の先駆けとなったの
でした。

　さらに『アルス・マグナ』で3次方程式の解の公式
を示すときに、カルダノは世界で最初に虚数という新
しい数学の概念を提示してみせたのです。

4. 高次方程式の解法

　さてここまで3次方程式にまつわる有名な話をお伝えしてきましたが、ここからは数Ⅱで学ぶ3次方程式の解法、さらにカルダノが導入した虚数とは何か、そして彼による3次方程式の解法をお見せすることにします。カルダノの方法は数式が並ぶため多くの人がためらうのですが、できるだけ丁寧にお話ししますので、頑張って読んでみてください。

　16世紀の大数学者たちの足跡をゆっくりとたどるのも、貴重な体験になるかもしれません。

　余談ですが、タルターリアは、世界で最初に数学による大砲の弾道計算を行ったといわれています。16世紀は「新航路の発見」の時代でもあったため、列強諸国はこぞって領地を広げようとしていました。大砲は時代の要請に即したものであり、目標にどうやって命中させるかは数学者に課された課題でもあったのです。その意味でタルターリアは弾道学の祖ともいわれています。

◆ 高校数学における高次方程式の基本
　高校で問われる1次方程式と2次方程式のポイント

はすでにお話ししましたね。高校ではさらに、3次方程式や4次方程式などのいわゆる高次方程式の解法について学びます。

　3次方程式や4次方程式を解くときの考え方の基本は、**与えられた方程式の左辺を1次式または2次式の因数分解にもちこむこと**です。どういうことかを具体的にやってみますね。

> **問題7**
> $x^3 - 7x^2 + 6 = 0 \cdots ①$ を解け。

まず①式をみたす解の1つを調べます。

$x=1$ のとき　（①の左辺）$= 1^3 - 7 \cdot 1^2 + 6 = 0$

となり、$x=1$ は①をみたしますから、

①の解の1つは $x=1$ です。すると①は

$$(x-1)(x^2 + \cdots\cdots) = 0 \cdots ②$$

のように因数分解できるはずです。

$\longrightarrow x^3 - 7x^2 + 6 = 0$

$\therefore \ (x-1)(x^2 + \cdots\cdots) = 0$

$\therefore \ \underline{x-1=0}$　または　$x^2 + \cdots\cdots = 0$

$\longrightarrow$ これが解の1つ $x=1$ ですね。

つまり①の左辺は②の左辺のように因数分解できて、あとは②の $(x^2 + \cdots\cdots)$ の部分が気になりますね。

ここで①と②の左辺について

$$x^3 - 7x^2 + 6 = (x-1)\underbrace{(x^2 + \cdots\cdots)}$$

ですから〜〜部分は

$$(x^3 - 7x^2 + 6) \div (x-1)$$

の計算で得られるはず。

そこで実際に割ってみると

┗→ 整式の割り算は普通の割り算と同じように
行えば ok です。ただし $x^3 - 7x^2 + 6$ は
$x^3 - 7x^2 + \underline{0x} + 6$ のように書いて割ってくださ
いね。

$$
\begin{array}{r}
x^2 - 6x - 6 \\
x-1 \overline{)\ x^3 - 7x^2 + 0x + 6} \\
\underline{x^3 -\ \ x^2} \\
-6x^2 + 0x \\
\underline{-6x^2 + 6x} \\
-6x + 6 \\
\underline{-6x + 6} \\
0
\end{array}
$$

と計算できて、（商）$= x^2 - 6x - 6$ で確かに（余り）$= 0$
となり割り切れました。つまり

$$(x^3 - 7x^2 + 6) \div (x-1) = x^2 - 6x - 6$$

$$\therefore\ x^3 - 7x^2 + 6 = (x-1)(x^2 - 6x - 6)\ \cdots③$$

となりますから　①式は

$$x^3 - 7x^2 + 6 = 0 \qquad\qquad \cdots①$$
$$(x-1)(x^2 - 6x - 6) = 0 \quad \cdots②'$$

③より

①式の左辺は 1 次式と 2 次式に因数分解
できた！

と変形できます。すると②'より

104

$$x-1=0 \quad \text{または} \quad x^2-6x-6=0$$

$$\therefore \; x=1 \quad \text{または} \quad x=\frac{-(-6)\pm\sqrt{(-6)^2-4\cdot1\cdot(-6)}}{2\cdot1}$$

$$x=\frac{6\pm2\sqrt{15}}{2}$$

$$x=3\pm\sqrt{15}$$

となり、3次方程式①の解は

$$x=1,\,3\pm\sqrt{15}\;\boxed{答}$$

の3つあることがわかりました。

問題8

$6x^4-11x^3+2x^2+5x-2=0\cdots④$を解け。

考え方は問題7と同じです。

まず④式をみたす解の1つを調べます。

$x=1$のとき

（④の左辺）$=6\cdot1^4-11\cdot1^3+2\cdot1^2+5\cdot1-2=0$

になりますから、$x=1$は④をみたしているので、④の解の1つは$x=1$です。

すると④は

$$6x^4-11x^3+2x^2+5x-2=0 \quad\cdots④$$

$$\therefore (x-1)(6x^3+\cdots\cdots)=0 \quad\cdots⑤$$

のように因数分解できるはずです。

　↳ $6x^4-11x^3+2x^2+5x-2=0$
　$\therefore (x-1)(6x^3+\cdots\cdots)=0$
　$\therefore x=1$　または　$6x^3+\cdots\cdots=0$
　↳ これが解の1つ、$x=1$ですね。

つまり④の左辺は⑤の左辺のように因数分解できて、
あとは⑤の $(6x^3 + \cdots\cdots)$ の部分が気になります。
ここで④と⑤の左辺について

$$6x^4 - 11x^3 + 2x^2 + 5x - 2 = (x-1)\,(\underwavy{6x^3 + \cdots\cdots})$$

ですから 〜〜 部分は

$$(6x^4 - 11x^3 + 2x^2 + 5x - 2) \div (x-1)$$

で得られるはず。
そこで実際に割ってみると

$$
\begin{array}{r}
6x^3 - 5x^2 - 3x + 2 \\
x-1\,)\overline{6x^4 - 11x^3 + 2x^2 + 5x - 2} \\
\underline{6x^4 - 6x^3} \\
-5x^3 + 2x^2 \\
\underline{-5x^3 + 5x^2} \\
-3x^2 + 5x \\
\underline{-3x^2 + 3x} \\
2x - 2 \\
\underline{2x - 2} \\
0
\end{array}
$$

と計算できて、（商）$= 6x^3 - 5x^2 - 3x + 2$ で確かに
（余り）$= 0$ となり、割り切れました。つまり

$$(6x^4 - 11x^3 + 2x^2 + 5x - 2) \div (x-1) = 6x^3 - 5x^2 - 3x + 2$$

$$\therefore 6x^4 - 11x^3 + 2x^2 + 5x - 2 = (x-1)\,(6x^3 - 5x^2 - 3x + 2)$$

$$\cdots ⑥$$

となりますから　④式は

$$6x^4 - 11x^3 + 2x^2 + 5x - 2 = 0 \quad \cdots ④$$
$$(x-1)\,(6x^3 - 5x^2 - 3x + 2) = 0 \quad \cdots ⑤'$$

⑥より

→④の左辺は1次式と3次式に因数分解できた！

と変形できます。すると⑤′より

（イ）$x-1=0$ のとき $x=1$…①

（ロ）$6x^3-5x^2-3x+2=0$…⑦のとき

　　　⇨ これは3次方程式。となればここから
　　　　は問題7と同じようにできるはず。

⑦式をみたす解の1つを調べると

　　$x=1$のとき　　（⑦の左辺）$=6\cdot1^3-5\cdot1^2-3\cdot1+2=0$

だから⑦の解の1つは $x=1$

すると⑦は

　　　$6x^3-5x^2-3x+2=0$　　　　…⑦

　　　$(x-1)(6x^2+\cdots\cdots)=0$　…⑧

のように因数分解できるはずです。

　　　$\downarrow$ $6x^3-5x^2-3x+2=0$

　　　$\therefore$ $(x-1)(6x^2+\cdots\cdots)=0$

　　　$\therefore$ $\underline{x=1}$ または $6x^2+\cdots\cdots=0$

　　　　$\downarrow$ これが解の1つ $x=1$ ですね

つまり⑦の左辺は⑧の左辺のように因数分解できて、

あとは⑧の $(6x^2+\cdots\cdots)$ の部分が気になります。

ここで⑦と⑧の左辺について

　　　$6x^3-5x^2-3x+2=(x-1)\,\underline{(6x^2+\cdots\cdots)}$

ですから $\sim$ 部分は

　　　$(6x^3-5x^2-3x+2)\div(x-1)$

で得られるはず。

そこで実際に割ってみると

$$\begin{array}{r}
6x^2 + x - 2 \\
x-1 \overline{\smash{)}6x^3 - 5x^2 - 3x + 2} \\
\underline{6x^3 - 6x^2} \\
x^2 - 3x \\
\underline{x^2 - x} \\
-2x + 2 \\
\underline{-2x + 2} \\
0
\end{array}$$

と計算できて、（商）$6x^2 + x - 2$，（余り）$= 0$ となり割り切れました。つまり

$$(6x^3 - 5x^2 - 3x + 2) \div (x-1) = 6x^2 + x - 2$$

$$\therefore \quad 6x^3 - 5x^2 - 3x + 2 = (x-1)(6x^2 + x - 2) \quad \cdots ⑨$$

となりますから ⑦式は

$$6x^3 - 5x^2 - 3x + 2 = 0 \qquad \cdots ⑦$$
$$(x-1)(6x^2 + x - 2) = 0 \quad \cdots ⑧'$$

$\Big\}$ ⑨より

さらに因数分解できて

$$(x-1)(3x+2)(2x-1) = 0$$

よって

$$x-1 = 0 \quad \text{または} \quad 3x+2 = 0 \quad \text{または} \quad 2x-1 = 0$$
$$\therefore \quad x = 1 \text{ または } \quad x = -\frac{2}{3} \text{ または } \quad x = \frac{1}{2} \quad \cdots ロ$$

以上 イ、ロ より求める解は

$$x = 1 (\text{重解}) , -\frac{2}{3} , \frac{1}{2} \quad \boxed{答}$$

です。

問題７では３次方程式の解法の基本をお話ししましたが、問題８の４次方程式でも（問題７）の考え方が繰り返し使われていることがわかりますね。

5. 実数から虚数、そして複素数へ

◆ 複素数の登場

2次方程式 $ax^2+bx+c=0$（a, b, c は実数で $a\neq0$）は

（普段私たちが数だとイメージしているもので
具体的には数直線上に示される数のことです）

$$-\frac{3}{2}\ \ -1\quad 0\ \frac{1}{2}\quad \sqrt{3}\ \ 2\ \ 2.7\qquad x$$

（上に示した数は全て実数）

いつでも実数の解をもつとは限りません。

たとえば $a=1$, $b=0$, $c=1$ のとき　方程式 $ax^2+bx+c=0$ は

$$x^2+1=0\ \ \Leftrightarrow\ \ x^2=-1\ \ \cdots①$$

となりますが、①の x にどのような実数を代入しても左辺は 0 以上の数になりますから、

$$x^2=-1\ \ \cdots①\ \ \text{をみたす実数}\,x\,\text{は存在しない}$$

のです。

でもこれを言い換えると

$x^2=-1$　…① をみたす数 x は、もし存在するとすれば実数という範囲の枠の外の世界にある

とは考えられませんか。

そこで実数の世界の外にあるであろう $x^2=-1$　…①をみたす x を $x=i$ と表すことにします。

イメージ

実数の世界
・$x^2=-1$ をみたす数 x のいるところ

i は想像上の数（imaginary number）にちなんで、頭文字の i を取っています

すると $x^2 = -1$ の解が $x = i$ ですから

$$i^2 = -1 \quad \cdots ⓐ$$

が成り立ちます。

ⓐをふまえて改めて $x^2 = -1$ $\cdots ①$ を解き直すと

$$x^2 = i^2$$

$$\therefore \ x^2 - i^2 = 0 \quad より \quad (x+1)(x-i)=0$$

$$\therefore \ x = \pm i$$

となって $x^2 = -1$ $\cdots ①$ の解は $x = \pm i$ の2つである

ことがわかりますね。

ここで用いた i のことを**虚数単位**といいます。

次にこの i を用いて

$$i = \sqrt{-1} \quad \cdots ⓑ$$

と定めます。確かに i を2乗すると $i^2 = -1$ ですね。

そして、

$$\sqrt{-2} = \sqrt{2}i, \quad \sqrt{-m} = \sqrt{m}i \ (m > 0) \quad \cdots ⓒ$$

のように表すことにします。

さてここまでの説明を、正しく理解できているかど

うかを確かめるために、ちょっとチェックをしてみま

しょう。

Check Test1　次の計算をせよ。

(1) $\sqrt{-2}\,\sqrt{-3}$

(2) $\dfrac{\sqrt{-18}}{\sqrt{2}}$

(3) $\dfrac{\sqrt{6}}{\sqrt{-3}}$

自分で解いてみたあとで、下の説明に進んでください
ね。

> Check Test1 の解答

(1) $\sqrt{-2}\,\sqrt{-3}$ の計算を、$\sqrt{2}\,\sqrt{3}=\sqrt{2\times3}=\sqrt{6}$ と同じ
ように
$$\sqrt{-2}\,\sqrt{-3}=\sqrt{(-2)(-3)}=\sqrt{6}$$
としている人はいないでしょうか。

$\sqrt{-2}$ 自体が実数として存在していないので、実
数と同じような計算はできません。正しくは ⓒ
を用いてまず
$$\sqrt{-2}=\sqrt{2}i \qquad \sqrt{-3}=\sqrt{3}i$$
と直します。すると
$$\begin{aligned}
\sqrt{-2}\,\sqrt{-3}&=\sqrt{2}i\cdot\sqrt{3}i\\
&=\sqrt{2}\,\sqrt{3}i^2\\
&=\sqrt{6}i^2\\
&=\sqrt{6}\cdot(-1)\\
&=-\sqrt{6}
\end{aligned}$$

$\left.\begin{array}{l} \\ \\ \end{array}\right\}$ $i^2=-1$ …ⓐを
用いてiを消去します

が正解です。

(2) (1) と同様に考えてください。まず $\sqrt{-18}$ を $\sqrt{18}i$ にすることからスタートです。

$$\frac{\sqrt{-18}}{\sqrt{2}} = \frac{\sqrt{18}i}{\sqrt{2}} \quad \Leftarrow ⓒ より$$
$$= \frac{3\sqrt{2}}{\sqrt{2}}\,i$$
$$= 3i$$

とします。

(3) もう大丈夫ですね。$\sqrt{-3} = \sqrt{3}i$ にしてから計算を始めます。

$$\frac{\sqrt{6}}{\sqrt{-3}} = \frac{\sqrt{6}}{\sqrt{3}i}$$

分母の $\sqrt{3}$ を有理化しました

$$= \frac{\sqrt{6}\,\sqrt{3}}{3i}$$

$$= \frac{3\sqrt{2}}{3i}$$

$$= \frac{\sqrt{2}}{i}$$

分母の i は $i = \sqrt{-1}$ …ⓑですから分母は $\sqrt{}$ のついた式。なので分母を有理化します

$$= \frac{\sqrt{2}i}{i \cdot i}$$

$$= \frac{\sqrt{2}i}{i^2}$$

$$= \frac{\sqrt{2}i}{-1}$$

ⓐより

$$= -\sqrt{2}i$$

が正しい計算です。

つまり $\sqrt{}$ の中に $-$ があるときは、$\sqrt{-m}=\sqrt{m}\,i$（$m>0$ のとき）…ⓒを最優先に計算すればいいんですね。

　さて次に、やはり実数の世界の外の数として、
$$a+bi\quad（a\text{ と }b\text{ は実数}）$$
という形の数を考え、この数を**複素数**といいます。

　複素数とは素数が2つある ↘
という意味ではなくて、

$$\underset{\uparrow}{a}+\underset{\uparrow}{bi}$$
実数　虚数単位の実数倍を
　　　純虚数といいます

```
┌─────────────────────────────┐
│        実数の世界            │
├─────────────────────────────┤
│ 実数でない ・i = (0＋1iと思う) │
│ 数の世界   ・2i = (0＋2iと思う)│
│           ・1＋3iなど        │
└─────────────────────────────┘
```

のように、実数と純虚数の複合的な数（complex number）を意味する言葉です。こう名付けたのは数学者の王と呼ばれる天才ガウス（1777〜1855年）ですが、日本では本来なら複合数と訳すべきところを複素数と訳したために、まぎらわしい言葉になってしまいました。

　この複素数については
$$a+bi=a'+b'\,i\quad（a, b, a', b'\text{ は実数}）$$
のとき、
$$a=a',\ b=b'$$
が成り立つと決めます。そう決めたのだから証明はできません！

そして2つの複素数の間の計算は次の4つの規則に基づいて行われると定義します。

↳ 新しい世界の数に対して、計算の仕方を決めようということです

2つの複素数 $a+bi$, $c+di$（a, b, c, d は実数）について

(1) $(a+bi)+(c+di)=(a+c)+(b+d)i$

(2) $(a+bi)-(c+di)=(a-c)+(b-d)i$

(3) $(a+bi)\times(c+di)=ac+adi+bci+bdi^2$

↳ -1

$\qquad = ac+adi+bci-bd$

$\qquad = (ac-bd)+(ad+bc)i$

(4) $\dfrac{a+bi}{c+di}=\dfrac{(a+bi)(c-di)}{(c+di)(c-di)}$

↳ $c+d\sqrt{-1}$ のイメージなので
まず分母を有理化します

$\qquad = \dfrac{ac-adi+bci-bdi^2}{c^2-d^2i^2}$

$\qquad = \dfrac{ac-adi+bci-bd(-1)}{c^2-d^2(-1)}$

$\qquad = \dfrac{ac-adi+bci+bd}{c^2+d^2}$

$\qquad = \dfrac{(ac+bd)+(-ad+bc)i}{c^2+d^2}$

$\qquad = \dfrac{ac+bd}{c^2+d^2}+\dfrac{-ad+bc}{c^2+d^2}i$

(1)～(4)は結果を覚える必要はありません。このように計算すればよいと決めたのだということです。

複素数 $a+bi$（a, b は実数）が、実数の世界の外の数であると考えると、

$$複素数\ a+bi = \begin{cases} a=0,\ b\neq0なら & bi\ （純虚数）\\ b=0 & なら & a\ （実数）\\ a\neq0,\ b\neq0なら & a+bi\ （複素数）\end{cases}$$

となり、このうち実数でない

　　　　bi（純虚数），$a+bi$（複素数）

を合わせて**虚数**といいます。つまりイメージ的には

$$\underbrace{a+bi}_{複素数} \Rightarrow \left.\begin{cases} a+0i=a\ （実数）\\ 0+bi=bi\ （純虚数）\\ a+bi\ （複素数）\end{cases}\right\}（虚数）$$

となります。こう見ると私たちが普段使っている実数の方がむしろ限定的だったんだなあ、という気持ちになりませんか。

ではここまで正しく理解できたかどうかを、チェックしてみましょう。

Check Test2

(1)　$(5+4i)+(8+2i)$ を計算せよ。

(2)　$\dfrac{2-i}{1+i}$ を $a+bi$ の形で答えよ。

(3)　$\dfrac{1}{2+3i}+\dfrac{1}{x}=\dfrac{4}{13}$ をみたす x を複素数の形で答えよ。

---

(1) $\underbrace{(5+4i)+(8+2i)}_{} = (5+8)+(4+2)i$

$\qquad\qquad\qquad = 13+6i$ 答

(2) $\dfrac{2-i}{1+i} = \dfrac{(2-i)(1-i)}{(1+i)(1-i)}$

$\quad\ \ \underset{\sim}{\longrightarrow} 1+\sqrt{-1}$ の形ですから
有理化します

$\qquad = \dfrac{2-2i-i+i^2}{1^2-i^2}$

$\qquad = \dfrac{2-2i-i-1}{1+1}$

$\qquad = \dfrac{1-3i}{2}$

$\qquad = \dfrac{1}{2} + \left(-\dfrac{3}{2}\right)i$

$a+bi$ の形でと書いて
あるのでこの形に直します 答

(3) $\dfrac{1}{2+3i} + \dfrac{1}{x} = \dfrac{4}{13}$ より

$\qquad \dfrac{1}{x} = \dfrac{4}{13} - \dfrac{1}{2+3i}$

$\qquad\ \ = \dfrac{4}{13} - \dfrac{2-3i}{(2+3i)(2-3i)}$

有理化します

$\qquad\ \ = \dfrac{4}{13} - \dfrac{2-3i}{4-9i^2}$

$\qquad\ \ = \dfrac{4}{13} - \dfrac{2-3i}{4-9(-1)}$

$\qquad\ \ = \dfrac{4}{13} - \dfrac{2-3i}{13}$

$\qquad\ \ = \dfrac{(4-2)+3i}{13}$

$$= \frac{2+3i}{13}$$

$$\therefore x = \frac{13}{2+3i}$$

$$= \frac{13(2-3i)}{(2+3i)(2-3i)}$$ 有理化します

$$= \frac{13(2-3i)}{2^2 - 9i^2}$$

$$= \frac{13(2-3i)}{4-9(-1)}$$

$$= \frac{13(2-3i)}{13}$$

$$= 2-3i \quad \boxed{答}$$ ⟵複素数の形とあるので $a+bi$ の形で
答えます。$a=2$, $b=-3$ と考えて、
これでOK

Check Test3

(1) $x^2 = -3$ の解を虚数単位 i を用いて表せ。

(2) $(x-2)^2 = -3$ の解を複素数を用いて表せ。

(3) $x^2 - 4x + 7 = 0$ の解を複素数を用いて表せ。

(1) $x^2 = -3$ より

$x^2 = 3 \cdot (-1)$

$\quad = 3i^2 \qquad \Big\rceil \; i^2 = -1 \quad \cdots \text{ⓐ より}$

$\therefore \; x^2 - 3i^2 = 0$

$(x + \sqrt{3}i)(x - \sqrt{3}i) = 0$

$\therefore \; x = -\sqrt{3}i,\; x = \sqrt{3}i \quad \boxed{\text{答}}$

(注) 普段私たちが

$$x^2 = 3$$

$$\therefore \; x = \pm\sqrt{3}$$

としているように変形してみると

$$x^2 = -3$$

$\therefore \; x = \pm\sqrt{-3} \qquad \Big\rceil \; \sqrt{-m} = \sqrt{m}i$

$\quad = \pm\sqrt{3}i \qquad\qquad (m > 0 \text{ のとき}) \cdots ⓒ$

になります。

これにより、$x^2 = -3$ の解を求めるときは
(1) の変形のようにしても、普段通りの計算
にしてもどちらでもよいことがわかります
ね。

(2) $(x - 2)^2 = -3$

$(x - 2)^2 = 3 \cdot (-1)$

$\quad\quad\quad = 3i^2$

$\therefore \; (x - 2)^2 - 3i^2 = 0$

$\{(x - 2) + \sqrt{3}i\}\{(x - 2) - \sqrt{3}i\} = 0$

$$\therefore x - 2 + \sqrt{3}i = 0 \quad \text{または} \quad x - 2 - \sqrt{3}i = 0$$

$$x = 2 - \sqrt{3}i \quad \text{または} \quad x = 2 + \sqrt{3}i \quad \boxed{答}$$

（注）(1) と同様に普段私たちが

$$(x-2)^2 = 3$$

$$\therefore x - 2 = \pm\sqrt{3} \text{より} \quad x = 2 \pm \sqrt{3}$$

としているように変形してみると

$$(x-2)^2 = -3$$

$$\therefore x - 2 = \pm\sqrt{-3}$$

$$= \pm\sqrt{3}i$$

$$\therefore x = 2 \pm \sqrt{3}i$$

になります。こちらの方が計算がラクです
ね。

(3) $x^2 - 4x + 7 = 0$ より

$$x^2 - 4x = -7$$

$$(x-2)^2 - 4 = -7$$

$$(x-2)^2 = -7 + 4$$

$$(x-2)^2 = -3$$

ここから (2) と同じですから $x = 2 \pm \sqrt{3}i$ $\boxed{答}$

（注）$x^2 - 4x + 7 = 0$ に対し、2次方程式の解の公
式を用いてみると

$$x = \frac{-(-4) \pm \sqrt{(-4)^2 - 4 \cdot 1 \cdot 7}}{2 \cdot 1}$$

$$= \frac{4 \pm \sqrt{-12}}{2}$$

$$= \frac{4 \pm \sqrt{12}i}{2}$$

$$= \frac{4 \pm 2\sqrt{3}i}{2}$$

$$= 2 \pm \sqrt{3}i$$

となり、複素数を導入しても、解の公式が今まで通り使えることがわかりました。

以上のことから、実数の世界の外にある虚数についても、$i^2 = -1$ を用いることで、2次方程式の解は今まで通りの計算をして

$$x = a + bi$$

の形の複素数を用いて解くことが可能になったのです。

ここまでで私たちは虚数単位 i（$i^2 = -1$）を用いると、実数の範囲で解けなかった方程式が解けるようになるということを確認をしました。

実際

$x^2 + x + 1 = 0$ であれば

$$x = \frac{-1 \pm \sqrt{1^2 - 4 \cdot 1 \cdot 1}}{2}$$

$$= \frac{-1 \pm \sqrt{-3}}{2}$$

$$= \frac{-1 \pm \sqrt{3}i}{2}$$

となりますし、

$x^3 - 8x^2 + 25x - 26 = 0$　…①であれば

まずこれをみたす解の1つをさがしてみると

　　$x = 1$ のとき　（①の左辺）$= 1 - 8 + 25 - 26 = -8$ となり

　　$x = 1$ は①の解ではない。

　　$x = 2$ のとき　（①の左辺）$= 2^3 - 8 \cdot 2^2 + 25 \cdot 2 - 26$

　　　　　　　　　　　　　　　$= 8 - 32 + 50 - 26 = 0$

　　よって $x = 2$ は①の解の1つとわかり、①は

　　　　$(x - 2)\underbrace{(x^2 + \cdots)} = 0$　…②

と変形できることがわかります。

ここで 〜〜 部分は

　　　　$(x^3 - 8x^2 + 25x - 26) \div (x - 2)$

で求められますね。

$$\begin{array}{r} x^2 - 6x + 13 \\ x - 2 \overline{) x^3 - 8x^2 + 25x - 26} \\ \underline{x^3 - 2x^2} \\ -6x^2 + 25x \\ \underline{-6x^2 + 12x} \\ 13x - 26 \\ \underline{13x - 26} \\ 0 \end{array}$$

より

　　　　$(x^3 - 8x^2 + 25x - 26) \div (x - 2) = x^2 - 6x + 13$

　　$\therefore\ x^3 - 8x^2 + 25x - 26 = (x - 2)(x^2 - 6x + 13)$　　…③

ですから①の左辺は③の形に書けて

　　　　$x^3 - 8x^2 + 25x - 26 = 0$

　　$\therefore (x - 2)(x^2 - 6x + 13) = 0$　　③より

　　$\therefore\ x - 2 = 0$　または　$x^2 - 6x + 13 = 0$

$$\therefore x = 2 \quad\quad \text{または} \quad x = \frac{-(-6) \pm \sqrt{(-6)^2 - 4 \cdot 1 \cdot 13}}{2}$$

$$x = \frac{6 \pm \sqrt{-16}}{2}$$

$$= \frac{6 \pm \sqrt{16}\,i}{2}$$

$$= \frac{6 \pm 4i}{2}$$

$$= 3 \pm 2i$$

というように解くことができますね。

6. 秘技「カルダノの解法」

◆ カルダノの「3次方程式の解法」

さていよいよカルダノの「3次方程式の解法」の秘密に入りこんでいきましょう。当代一の数学者たちが考えた秘策ですから、一瞬でわかるほど甘くはありませんが、じっくり読んでもらえば、16世紀の数学者たちの知恵と工夫を肌で感じることができますよ。

〈準備1〉

$x^3 = 1 \cdots$ ①の解を求めてみます。①より

$$x^3 - 1 = 0 \quad \cdots ①'$$
$$(x-1)(x^2 + x + 1) = 0$$

ここは因数分解
$a^3 - b^3 = (a-b)(a^2 + ab + b^2)$
を用います

$$\therefore x - 1 = 0 \quad \text{または} \quad x^2 + x + 1 = 0$$

$$\therefore x = 1 \quad \text{または} \quad x = \frac{-1 \pm \sqrt{-3}}{2} = \frac{-1 \pm \sqrt{3}i}{2}$$

よって①の解は $x = 1,\ \dfrac{-1+\sqrt{3}i}{2},\ \dfrac{-1-\sqrt{3}i}{2}$ の3個で
すね。

ここで解の1つ $\dfrac{-1+\sqrt{3}i}{2}$ を ω（オメガ）とおくと

$$\omega = \frac{-1+\sqrt{3}i}{2}$$

ですが、このときちょっと興味深いことが起こります。

$\omega = \dfrac{-1+\sqrt{3}i}{2}$ の両辺を2乗すると

$$\omega^2 = \left(\frac{-1+\sqrt{3}i}{2} \right)^2$$

$$= \frac{(-1+\sqrt{3}i)^2}{4}$$

$$= \frac{(-1)^2 + 2 \cdot (-1) \cdot \sqrt{3}i + (\sqrt{3}i)^2}{4}$$

$$= \frac{1 - 2\sqrt{3}i + 3i^2}{4}$$

$$= \frac{1 - 2\sqrt{3}i + 3 \cdot (-1)}{4}$$

$$= \frac{-2 - 2\sqrt{3}i}{4}$$

$$= \frac{-1 - \sqrt{3}i}{2}$$

となって $x^3 = 1$ …① の解

$$x = 1, \quad \underset{\underset{\omega とおいた}{\longrightarrow}}{x = \frac{-1+\sqrt{3}i}{2}}, \quad x = \frac{-1-\sqrt{3}i}{2}$$

のうちの 3 つ目の解 $\dfrac{-1-\sqrt{3}i}{2}$ が現れました。

また $\omega = \dfrac{-1+\sqrt{3}i}{2}$ は $x^3 - 1 = 0$ …①′ の解ですから代入すると

$$\omega^3 - 1 = 0 \quad \therefore \ \omega^3 = 1$$

が、当然成り立ちますね。

すると $x^3 = 1 \cdots$ ① $\Leftrightarrow x^3 - 1 = 0$ …①′ の解は

$$x = 1, \quad x = \frac{-1+\sqrt{3}i}{2}, \quad x = \frac{-1-\sqrt{3}i}{2}$$
$$\ \downarrow \qquad\qquad \downarrow \qquad\qquad\qquad \downarrow$$
$$\omega^3, \qquad\quad \omega, \qquad\qquad\qquad \omega^2$$

になっていることがわかります。

では次に $x^3 = 8 \cdots$ ② の解を求めてみましょう。

②より

$$x^3 - 8 = 0 \cdots ②′$$
$$(x-2)(x^2 + 2x + 4) = 0$$

ここは因数分解
$a^3 - b^3 = (a-b)(a^2 + ab + b^2)$
を用います

$$\therefore x - 2 = 0 \quad または \quad x^2 + 2x + 4 = 0$$

$$\therefore x = 2 \quad または \quad x = \frac{-2 \pm \sqrt{2^2 - 4 \cdot 1 \cdot 4}}{2}$$

$$= \frac{-2 \pm \sqrt{-12}}{2}$$

$$= \frac{-2 \pm \sqrt{12}i}{2}$$

$$= \frac{-2 \pm 2\sqrt{3}i}{2}$$

$$= -1 \pm \sqrt{3}i$$

よって②の解は $x = 2, -1 + \sqrt{3}i, -1 - \sqrt{3}i$ の3個です。
ここで解の1つ $-1 + \sqrt{3}i$ に着目すると先ほどの ω を
用いて

$$-1 + \sqrt{3}i = 2 \cdot \frac{-1 + \sqrt{3}i}{2}$$
$$= 2\omega$$

$\omega = \dfrac{-1 + \sqrt{3}i}{2}$ でしたね

となり、もう1つの解 $-1 - \sqrt{3}i$ は

$$-1 - \sqrt{3}i = 2 \cdot \frac{-1 - \sqrt{3}i}{2}$$
$$= 2\omega^2$$

$\omega^2 = \dfrac{-1 - \sqrt{3}i}{2}$ でした

になっていると気付いてくれると山本はうれしい！
つまり

　　$x^3 - 1 = 0$ の解は $x = 1, \omega, \omega^2$

　　$x^3 - 8 = 0$ の解は $x = 2, 2\omega, 2\omega^2$

になっているんですね。

　一般に $x^3 = a$ …③ $\Leftrightarrow$ $x^3 - a = 0$ …③′ の解は、③を
みたす実数 $x = k$ が見つかると

　　$x^3 - k = 0$ の解は $x = k, k\omega, k\omega^2$

になっているんです。

〈準備2〉 ⇦ すこしレベルが上がりますよ。
　　　　　落ち着いて計算しましょう。

$$\omega = \frac{-1+\sqrt{3}i}{2} \text{ を用いると}$$

$$\underbrace{(x+y\omega+z\omega^2)}_{} \underbrace{(x+y\omega^2+z\omega)}_{}$$

　　　　　　　　$\omega,\ \omega^2$ の位置を覚えておいてください。

$$= x^2+y^2+z^2-xy-yz-zx \quad \cdots ④$$

が成り立ちます。これを確かめてみましょう。

$$(④の左辺) = (x+y\omega+z\omega^2)(x+y\omega^2+z\omega)$$

$$= x^2+xy\omega^2+xz\omega$$

$$+xy\omega+y^2\omega^3+yz\omega^2$$

$$+xz\omega^2+yz\omega^4+z^2\omega^3$$

$$\left(\begin{array}{l}\text{ここで}\omega\text{について}\omega^3=1\text{を思い出してください。}\\\text{そして}\omega^4\text{なら}\omega^4=\omega^3\cdot\omega=1\cdot\omega=\omega\text{です。}\\\text{これを用いると}\end{array}\right)$$

$$= x^2+\underline{xy\omega^2}+\underline{xz\omega}$$

$$+\underline{xy\omega}+y^2+\underline{yz\omega^2}$$

$$+\underline{xz\omega^2}+\underline{yz\omega}+z^2$$

$$= x^2+y^2+z^2+\underline{yz(\omega+\omega^2)}+\underline{xy(\omega+\omega^2)}$$

$$+\underline{xz(\omega+\omega^2)}$$

$$\left(\text{さらに}\omega+\omega^2=\frac{-1+\sqrt{3}i}{2}+\frac{-1-\sqrt{3}i}{2}=-1\text{より}\right)$$

$$= x^2+y^2+z^2+yz(-1)+xy(-1)+xz(-1)$$

$$= x^2+y^2+z^2-xy-yz-zx = (④の右辺)$$

となりますから、確かに

$$(x+y\omega+z\omega^2)(x+y\omega^2+z\omega)$$
$$=x^2+y^2+z^2-xy-yz-zx \quad \cdots ④$$

が成り立っていますね。

〈準備3〉 ⇦これが最後の準備です

「x^3-6x+9 は $x^3+u^3+v^3-3xuv$ の形に変形できる。

このとき u, v の1組の値を求めよ。(u, v は実数)」

を考えます。

質問の意味は

$$x^3-6x+9=x^3+u^3+v^3-3xuv \quad \cdots ⑤$$

となる u, v の1組を求めよ、ということですね。

⑤ ⇔ $x^3-6x+9=x^3-3uv\cdot x+(u^3+v^3)$ $\cdots$ ⑤′

ですから、両辺の係数を比べて

$$\begin{cases} -3uv=-6 \\ u^3+v^3=9 \end{cases} \Leftrightarrow \begin{cases} uv=2 & \cdots ⑥ \\ u^3+v^3=9 & \cdots ⑦ \end{cases}$$

をみたす (u, v) を1組見つけよ、ということです。

すると⑥より

$$u^3\,v^3=8 \quad \cdots ⑥′$$

⑦より $v^3=9-u^3$ $\cdots$ ⑦′

⑦′を⑥′に代入して

$$u^3\cdot(9-u^3)=8$$
$$9u^3-(u^3)^2=8$$
$$(u^3)^2-9u^3+8=0$$
$$(u^3-1)(u^3-8)=0$$
$$\therefore u^3=1 \quad または \quad u^3=8$$

本来ここは2次方程式の解と係数の関係を用いて解く方が早いのですが、今回は高1生でもわかる変形にしました

（イ）$u^3 = 1$ のとき　　　　（ロ）$u^3 = 8$ のとき

$\qquad u^3 - 1 = 0$　　　　　　　$u^3 - 8 = 0$

$\qquad (u-1)(u^2 + u + 1) = 0$　　$(u-2)(u^2 + 2u + 4) = 0$

$\qquad \therefore u = 1, \quad u = \dfrac{-1 \pm \sqrt{-3}}{2}$　　$\therefore u = 2, \quad u = \dfrac{-2 \pm \sqrt{-12}}{2}$

$\qquad\qquad\qquad\qquad = \dfrac{-1 \pm \sqrt{3}i}{2}$　　　　　　　$= \dfrac{-2 \pm \sqrt{12}i}{2}$

$\qquad\qquad\qquad\qquad\qquad\qquad\qquad\qquad\qquad = -1 \pm \sqrt{3}i$

ですが u は実数とあるので、$u = 1$, $u = 2$ になります。
すると

$\qquad u = 1$ のとき⑥より $v = 2$

$\qquad u = 2$ のとき⑥より $v = 1$

$(u, \ v)$ を1組求めよ、というのですから

$\qquad (u, \ v) = (1, \ 2)$ 答

になりますね。

　さあこれで準備はすべて整いました。いよいよ、カルダノが考えた「3次方程式の秘密の解法」の世界に入ってみましょう。

　問題9

　$x^3 - 6x + 9 = 0$ を解け。

この問題に対しカルダノは

$\qquad x^3 - 6x + 9$ を $x^3 + u^3 + v^3 - 3xuv$

に変形することを考えました。

　どうしてかというと、それまでの自分の研究からすべての3次方程式

$$ax^3 + bx^2 + cx + d = 0$$

は、変形すると必ず

$$X^3 + pX + q = 0$$

の形の3次方程式になることをつきとめていて、さらに

$$X^3 + pX + q = X^3 + u^3 + v^3 - 3Xuv$$

の形に直せることに気付いたからです。

〈準備3〉によると

$$x^3 - 6x + 9 = x^3 + u^3 + v^3 - 3xuv \quad \cdots ⑤$$

をみたす (u, v) の解の1つは $(u, v) = (1, 2)$ でしたね。

　ところで、高校数学の中で最も面倒な因数分解に

$$a^3 + b^3 + c^3 - 3abc$$

$$= (a + b + c)(a^2 + b^2 + c^2 - ab - bc - ca) \quad \cdots ☆$$

というのがあるのですが、⑤の右辺は上の式で

$$a = x, b = u, c = v$$

を代入したものになっていると気付いておいてください。

　話が変わって今度は〈準備2〉が活躍します。
〈準備2〉によると

$$(x+y\omega+z\omega^2)(x+y\omega^2+z\omega)$$
$$=x^2+y^2+z^2-xy-yz-zx \quad \cdots ④$$

でした。話がわかりやすいように $x\to a,\ y\to b,\ z\to c$ に直すと、

$$(a+b\omega+c\omega^2)(a+b\omega^2+c\omega)$$
$$=a^2+b^2+c^2-ab-bc-ca \quad \cdots ④'$$

ですから、前の面倒な形の因数分解☆の右辺は

$$a^3+b^3+c^3-3abc$$
$$=(a+b+c)\underbrace{(a+b\omega+c\omega^2)(a+b\omega^2+c\omega)} \quad \cdots (*)$$
$$\underset{④'を用いました}{}$$

となることがわかりますね。

そこで（＊）の式に $a=x,\ b=u,\ c=v$ を代入すると

$$x^3+u^3+v^3-3xuv$$
$$=(x+u+v)(x+u\omega+v\omega^2)(x+u\omega^2+v\omega) \quad \cdots (*)'$$

と表せることになります。つまり⑤の右辺は（＊）′を用いて

$$x^3-6x+9$$
$$=(x+u+v)(x+u\omega+v\omega^2)(x+u\omega^2+v\omega) \quad \cdots ⑤''$$

と書き直せるのです。←あとちょっと！がんばれ！

ということは⑤″を用いて

$$x^3-6x+9=0$$
$$\Leftrightarrow (x+u+v)(x+u\omega+v\omega^2)(x+u\omega^2+v\omega)=0$$

ここで $(u,\ v)=(1,\ 2)$ ですから代入すると

$$(x+1+2)(x+\omega+2\omega^2)(x+\omega^2+2\omega)=0$$
$$(x+3)(x+\omega+2\omega^2)(x+\omega^2+2\omega)=0$$

$$\therefore x = -3, \ x = \boxed{-\omega - 2\omega^2}, \ x = \boxed{-\omega^2 - 2\omega} \quad \cdots ⑧$$

$$\omega = \frac{-1+\sqrt{3}i}{2} \ , \ \omega^2 = \frac{-1-\sqrt{3}i}{2} \ を用いると$$

$$\boxed{-\omega - 2\omega^2} = -\frac{-1+\sqrt{3}i}{2} - 2 \cdot \frac{-1-\sqrt{3}i}{2}$$

$$= \frac{1-\sqrt{3}i}{2} + \frac{2+2\sqrt{3}i}{2}$$

$$= \frac{1+2}{2} + \frac{-\sqrt{3}+2\sqrt{3}}{2}i$$

$$= \boxed{\frac{3}{2} + \frac{\sqrt{3}}{2}i}$$

同様に

$$\boxed{-\omega^2 - 2\omega} = -\frac{-1-\sqrt{3}i}{2} - 2 \cdot \frac{-1+\sqrt{3}i}{2}$$

$$= \frac{1+\sqrt{3}i}{2} + \frac{2-2\sqrt{3}i}{2}$$

$$= \frac{1+2}{2} + \frac{\sqrt{3}-2\sqrt{3}}{2}i$$

$$= \boxed{\frac{3}{2} - \frac{\sqrt{3}}{2}i}$$

ですから、

$$x^3 - 6x + 9 = 0 \ の解は⑧より$$

$$x = -3, \ x = \boxed{-\omega - 2\omega^2}, \ x = \boxed{-\omega^2 - 2\omega}$$

すなわち

$$x = -3, \ x = \boxed{\frac{3}{2} + \frac{\sqrt{3}}{2}i}, \ x = \boxed{\frac{3}{2} - \frac{\sqrt{3}}{2}i}$$

と求められました。これがカルダノの3次方程式を解く秘法だったのです。

　どうでしたか。

　高校で学ぶ3次方程式の解き方、虚数の概念、そしてカルダノの3次方程式の解法の雰囲気は味わってもらえたでしょうか。

◆ 5次方程式の解の公式は存在しない

　さてカルダノの3次方程式の解の公式とともにフェラーリの4次方程式の解の公式が公表されると、世界の数学者は一斉に5次方程式の解の公式の発見を目指します。

　ところが残念ながら5次方程式の解の公式は存在しないことが、約300年後にアーベル（1802〜1829年）というノルウェーの数学者によって示されます。

　ここで疑問を抱いた人もいるはずですね。古代エジプトで2次方程式の解法が考えられてから、16世紀に3次方程式や4次方程式の解の公式が見つかるまでに2000年以上の時を要したのだから、これからさらに研究が進めば、何百年か後にはきっと5次方程式の解の公式も見つかるのではないか。そう思うのも無理はありません。

けれども5次方程式の解の公式は存在しないのです。発見されないのではなくて、存在しないのです。

どういうことかというと、私たちが解の公式というとき、たとえば2次方程式の解の公式を求めるのであれば前にお話ししたように

$$ax^2 + bx + c = 0$$

$$a\left\{x^2 + \frac{b}{a}x\right\} = -c$$

$$a\left\{\left(x + \frac{b}{2a}\right)^2 - \left(\frac{b}{2a}\right)^2\right\} = -c$$

$$a\left(x + \frac{b}{2a}\right)^2 - \frac{b^2}{4a} = -c$$

$$a\left(x + \frac{b}{2a}\right)^2 = \frac{b^2 - 4ac}{4a}$$

$$\left(x + \frac{b}{2a}\right)^2 = \frac{b^2 - 4ac}{4a^2}$$

$$x + \frac{b}{2a} = \pm\sqrt{\frac{b^2 - 4ac}{4a^2}}$$

$$x = -\frac{b}{2a} \pm \frac{\sqrt{b^2 - 4ac}}{2a}$$

$$= \frac{-b \pm \sqrt{b^2 - 4ac}}{2a}$$

と計算しますよね。

これをよく見てもらうと、私たちが解の公式を求めるときは、方程式の係数から出発して、＋－×÷といった四則演算と$\sqrt{\ }$や$\sqrt[3]{\ }$のようなべき根をとる操作

を繰り返して、方程式の解を得る計算方法です。

　5次方程式について、あるやり方（たとえば楕円積分という特殊な手法）を用いて、解を求めることはできます。けれどもそれは、上に述べた四則演算とべき根だけからなる操作ではありません。

　ノルウェーの数学者アーベルは、5次方程式に、四則演算とべき根だけの操作で解を表示できる解の公式は存在しないことを証明してみせたのです。
　そしてアーベルが亡くなった2年後、フランスの数学者ガロア（1811 〜 1832年）が、解の公式が作れる場合と作れない場合の条件を確定して、アーベルの理論を補完したのでした。

　アーベルは27歳で亡くなり、4大数学者の一人として多くの人が挙げるガロアは、弱冠20歳でこの世を去っています。もしも彼らがもっと長くこの世にいれば、数学は100年は進んだであろうとも言われる天才2人でした。

第3章
新しい数学の世界を開いたデカルト

1. ルネサンスと数学

　古代ギリシャの華々しい数学の歴史に比べ、中世の数学は暗黒の時代といわれるほど発展を遂げません。けれども15～16世紀のヨーロッパは、中世カトリックの伝統的世界観が大きく揺らぎ始めます。そして新航路の発見・ルネサンス・宗教改革という3つの激流がヨーロッパのすべてを大きく変えていきます。

　新航路を次々と発見することにより、航海技術は格段の進化を遂げていきますが、そのためには天文学や三角測量といった学問が大きく貢献をします。人々は世界への目を開き、ヨーロッパ世界全体で新しい価値観や大きな変化が生まれていきます。

　ルネサンスは14世紀にイタリアから始まった文化運動でしたね。イタリアの文化人たちは、ギリシャ・

ローマの古典文化から「人間的なもの」を学び、固まった宗教観をみつめなおすことで、現実世界に多くの関心と批判を抱くようになります。

　ルネサンスは、建築・彫刻・絵画などの美術の世界にレオナルド・ダ・ヴィンチやミケランジェロなどの優れた芸術家を生み出しますが、その流れはやがて天文学・数学・物理学・解剖学といった多くの自然科学の分野にも波及していきます。

　このような時代背景の中で、代数学が緩やかに発展していきます。15世紀以前の数学計算はすべて言葉で記述したものでした。15世紀の終わりに発明された印刷術により、多くの数学書が出版されますが、その中の1冊、ドイツ人のヴィットマンが著した本で初めて＋と－が、足し算や引き算という演算記号ではなく、過不足を表す記号として使われます。

　＋－が演算記号として使われるようになるのは16世紀に入ってからです。1514年オランダのファン・デル・ホッケが、その著書の中で＋－を計算記号として初めて用います。さらに＝を使うようになったのがイギリスのロバート・レコードで、『知恵の砥石』（1557年）という書物において＝が初めて世に姿を表すのです。

　それから約100年後、×の記号をイギリスのオート

リッドが『数学の鍵』（1631年）の中で、÷の記号はスイスのラーンが1659年に初めて使ったんですよ。

　　ここまでお話しすると、
　　「あれっ、フィオーレとタルターリアの3次方程式
　　　公開試合があったのは1535年、カルダノが3次
　　　方程式の解法を書物にしたのが1545年じゃなか
　　　ったっけ」
と気付いてくれた人もいるはず。

　そう、前にもちょっと触れましたが、当時1次方程式も2次方程式も、そして3次・4次方程式も数式としての形はとっていなくて、その解法も延々と言葉で記述したものだったんですね。

　こうして少しずつ演算記号が代数学の中で整備されていくのですが、それでも未知数を x としたり、定数に a や b を用いるような表現は現れていません。
　当時の代数学がいかに大変だったかがよくわかりますよね。

　16世紀の終わりになると、フランスのヴィエトが＋－×÷＝などの記号や未知数を文字であらわすことで、2次及び3次方程式の解の公式が形になっていきます。そのために記号代数学の祖と呼ばれています

が、現在の記述方法から見るとまだまだ不完全でした。けれども記号代数学に向かって大きな一歩を踏み出したことは確かですね。

　ルネサンスの文化の潮流はイタリアからヨーロッパ全土に押し寄せていき、古代の数学＝幾何学 というイメージとは異なる、数式による数学が注目を集めるなか、まさに時代が求める人物として登場するのが、フランスのルネ・デカルト（1596 〜 1650年）です。

2. 哲学に目覚めたデカルト

　デカルトはフランス生まれの哲学者であり、合理主義哲学・近代哲学の祖と呼ばれています。彼の「我思う、ゆえに我在り」は哲学史上最も有名な言葉の１つですから、聞いたことがある皆さんも多いはずです。

　デカルトは1596年に、中部フランスの西側にある気候の穏やかな地方で生まれました。小さいころからとても病弱で、1650年２月にスウェーデンで亡くなったときもこの病弱さが原因の１つでした。10歳の時に、イエズス会のラ・フレーシュ学院に入学します。ラ・フレーシュ学院はフランス王アンリ４世自身が邸

宅を学校として提供したほどの名門校で、優秀な教師
と生徒が集まっており、デカルトは当時最高峰の教育
を受けていたことがわかります。

　イエズス会は反宗教改革・反人文主義を気風として
いて、人間主義的な思想でなく神中心主義的な思想に
より、生徒をカトリック信仰に導き、「信仰と理性は
調和する」という考えをカリキュラムに取り入れてい
たそうです。時代の流れに逆行しているようにも見え
ますが、自然研究などには積極的で、一説には1610
年にガリレオ・ガリレイが初めて望遠鏡を作り、木星
の衛星を発見したという知らせがあったときは、学院
をあげて祝ったともいわれていますから、時代の流れ
を受け入れつつも神を尊重するというバランス感覚の
取れた教育だったのでしょう。

　デカルトはこの学院でとても優秀な成績を修め、学
院で教わる論理学・形而上学（物や人間の存在理由や
意味など、感覚を超越したものについて考える学問）・
自然学だけでなく、占星術・魔術といったものにまで
興味を示し、多くの書物からさまざまな知識を正確に
身につけます。

　自然学の中では特に数学に秀でていましたが、その
数学の論理性に惹かれれば惹かれるほど、神学やスコ

ラ学の非厳密性に対し次第に懐疑心が生まれ、学院で学ぶ知識にも疑問を抱くようになります。それでも学院に対しては終生感謝の気持ちを持っていたといわれています。

18歳で学院を卒業してからは、ポワティエ大学に進学し、法学と医学を学びます。20歳で卒業して学校教育から解放されたデカルトは、ヨーロッパ中を旅していきます。もちろん観光目的ではなく、書物からは学ぶことができないさまざまな知識を広げるためです。

パリで学院時代の友人であったメルセンヌ（数学者、後にデカルトとは終生の親友となります）と再会し、前にお話しした記号代数学の祖ヴィエトの弟子クロード・ミドルジュをはじめとする多くの数学者・自然科学者とも親交を深めていきます。解剖や実験にも精力的に取り組み始めますが、22歳の時にオランダで、医者にして自然科学者・数学者でもあったイザーク・ベークマンと巡り合います。

ベークマンは若きデカルトの数学の造詣の深さに驚嘆するとともに、デカルトに全科学の新しい考えを示唆します。ベークマン自身が近代物理学の初期の考えを持っており、コペルニクス（地動説）の支持者でも

あったため、デカルトは物理学の自由落下の法則など
にも興味を示し、さまざまな知的刺激を与えられたよ
うです。

　24歳になると、デカルトは自分自身の生きる道を
模索しはじめます。メルセンヌを中心に、哲学者ホッ
ブズや多くの学者・哲学者と考えを語りあうなかで、
自己の使命を自覚するようになり、32歳のころに本
格的に哲学者としての道を歩み始めるのです。

3.「我思う、ゆえに我在り」

　17世紀科学革命の時代に生きたデカルトは、ラ・
フレーシュ学院時代に感じていた神学やスコラ学の非
厳密性を端緒に、数学の論理性をベースにして物事を
考えるようになります。

　哲学と数学は異なるものですが、哲学をよりわかり
やすくするために、数学の考え方を導入していこうと
いうわけです。
　デカルトは意思や感覚を、すべて数学のように
「真」か「偽」で表していきます。
　計算は時々間違えることがあるから、すべてを計算

で考えることは「偽」

感覚もしばしば間違えることがあるから、感覚で判
断することも「偽」

というように考えていったとき、つまり、自分が生き
ている中でなにが「真」といえるのだろうかと突き詰
めていくことにより、

たとえ世の中のすべてのことを疑い、自分の存在さ
えも疑ったとしても、それを見つめている「我」だ
けは、その存在を疑うことはできない

として、哲学の考えを進めていくのです。

こうして数学の手法を哲学の中に取り入れながら、
1637年、彼が41歳の時に『方法序説』を出版します。
正確にいえば

『理性を正しく導き、学問において真理を探究する
ための方法。加えてその試みである屈折光学、気
象学、幾何学』

という、全6部からなる序文に加えて3つの科学論文
が書かれた500ページを超える大作が刊行され、この
「序文」の部分が後に哲学書『方法序説』として独立し
て読まれるようになったのです。

そしてその序文の第4部に

「我思う、ゆえに我在り」

という、哲学史上でもっとも有名であろう言葉が現れ
ます。

　皆さんは、デカルトは哲学者なのにどうしてここで取り上げるのだろうと思われているかもしれませんね。

　それは、この500ページを超える大作の最初の序文78ページが哲学に大きな影響を与える記述だったのですが、先に書いた正式名称にもあるように、3つの科学論考「屈折光学」「気象学」「幾何学」のうち、「幾何学」が数学の歴史を変えるほどの内容だったからです。

4. アインシュタインに匹敵するデカルトの発想

　デカルトはすべての学問の中で数学を最も好みましたが、数学の基礎は疑問の余地がないほど確実で堅固であるのに、その上にもっと高い学問がどうして築かれないのだろうかと感じていました。

　当時の数学は『幾何学原論』を柱とするユークリッドの幾何学と、3次方程式・4次方程式の解法、そしてヴィエトによる記号法と代数学が中心です。

　デカルトは古代ギリシャ・ローマの図形による考察（このころはこれを解析法と呼んでいました）は常に

図形に限定されており、想像力が必要で疲れるばかり
だし、代数学は法則と記号に縛られて煩雑でわかりに
くい技術になっていて、面倒なばかりでくだらないと
も感じていたのです。

　そこでデカルトは、古代の幾何学と近代の代数学そ
れぞれの長所を借りてもう一方の短所を正す何らかの
方法はないものだろうかと考えます。

　それが見事に具体化されたのが、「幾何学」第1巻の
最初に現れる記号代数学の完成です。
　ヴィエトによって整備され始めた記号法をさらに進
めて、

　　・既知の定数を、a, b, cなどのアルファベット
　　　の初めの方の文字で表す
　　・未知の数を、x, y, zなどのアルファベットの
　　　後ろの方の文字で表す
ことにより、古代ギリシャの解析法を代数化して見せ
ます。「幾何学」の記述によると
　　「問題を解こうとするとき、解くのに必要だと思わ
　　れる数や量に文字で名前をつける。同様に求める
　　未知の数や量にも名前をつけよう。次に未知のも
　　のと既知のものを区別しないで、それらの数や量
　　が相互にどんな関係にあるかを最も自然な順序に
　　従って、同一の量に着目して2つの式で示すこと

を考える。そしてこの2つの式を互いに等しいものだとしてつないだ1つの式を作り、これを方程式と呼ぶことにする」

　方程式という言葉が数学史に初めて登場した瞬間でした。

　けれどもこれが、アインシュタイン級の功績だったのではありません。
　ではデカルトの何がすごかったのかというと、デカルトは古代ギリシャからずっと続いた伝統である「**次元の枠**」を一気に取り去ってしまったことです。
　古代ギリシャからの数の伝統とは何かというと
　　1つの量は線分の長さを表し
　　長さという量を2つ掛け合わせると面積になり
　　長さという量を3つ掛け合わせると体積になる
という考え方です。
　当然ですが、長さと長さを加えることはできても、面積と長さを加えたり、体積と面積を加えたりすることは意味をなさないですね。つまり、1次元の量は1次元で考え、2次元の量は2次元で扱うものなので、

$y = x^2$　　　⇨　左辺は線分の長さを、
　　　　　　　　　　右辺は正方形の面積を表す

$x^2 + x + 1$　⇨　面積と長さの和
などという式はあり得なかったのです。

その「次元の枠」は今の私たちから見れば、何を悩んでいるのという感じですが、古代ギリシャの時代からの伝統とは恐ろしいもので、17世紀の半ばまで、数学はこの呪縛(じゅばく)に縛られていました。

デカルトは巻頭で「比例」を用いて2次元の量を長さに還元することができると宣言します。

デカルトの言葉を借りると

> 「数学という言葉で指示される学問は、対象が示す比例を考察するという点で共通している。そのような比例を取り上げる際には、線によって規定する。線以上に単純なものはないし、また私の想像力や感覚において、線以上に明確に判断できるものはないと思われる。そして個々の比例についてしっかり把握するために、できるだけ短い数字によって表現すべきである」

のです。

けれどもこれだけでは、なんのことかよくわかりませんね。具体的に説明してみましょう。

ab という量（それまでは面積として考えられていた）や $\sqrt{a}$ というわからない量を、比を用いて長さに変換してみます。

デカルトによると、まず1を基準の量にして既知の線分 a や b を用いて、ab や $\sqrt{a}$ を表そうと考えます。

> [1を基準の量にして既知の線分 a や b を用いて、
> ab や $\sqrt{a}$ を表す]

相似の図形を下のように作ると

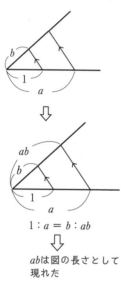

$1 : a = b : ab$

⬇

abは図の長さとして
現れた

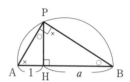

△PHB ∽ △AHPより
PH : HB ＝ AH : HP
∴ PH : a ＝ 1 : PH
∴ PH² ＝ a より PH ＝$\sqrt{a}$

⬇

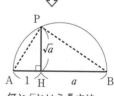

何と$\sqrt{a}$という長さは
直径a＋1の半円のPHに
現れていた！

どうですか。確かに今まで面積と思っていた ab の値が長さとしてとらえられますね。また $\sqrt{a}$ という量も具体的に長さとして目に見えるようになりました。

古代ギリシャから延々と続いた「次元の枠」という呪縛は、ab, $\sqrt{a}$ が長さとしてとらえられたように、x^2 も x^3 も長さとしてとらえることができるという発想の転換こそが、当時としては画期的だったのです。x^2 や x^3 を普通に使っている私たちからすればどうということのない表現ですが、これに気付く数学者は、紀元前300年ごろからデカルトが「幾何学」を著す1637年までのおよそ2000年もの間、数多くの優れた数学者がいたにもかかわらず、誰もいなかったのです。

　これは、アインシュタインの発想の転換とよく似ています。アインシュタイン以前の物理学者は、「光はエーテルという仮想媒体を伝わる」と考えていました。エーテルというのは光が伝わる媒質（波を伝える物質）のことで、海の波が伝わる媒質は海水ですね。このようにアインシュタイン以前は、光は波の性質を持つ（光の波動説）と考えられていたんです。
　エーテルを媒質とする光の様子は、空気を媒質として伝わる音の様子で考えるとわかりやすいですね。
　自分が音に向かっていけば、音は早く耳に届くし、音が来る方向から反対方向に自分が進めば、自分に音が届く時間は遅くなります。

　ところが光についていろいろ条件を変えて調べてみ

ても、自分に届く光の速さは全く変化しない。何か実験に間違いがあるのではないかと、多くの物理学者が実験を試みますが、結果はいつも同じで、これが光の速度の不思議として、物理学者の頭を悩ませ続けていたのです。

　20世紀の初め、26歳の若きアインシュタインが相対性理論をひっさげて物理学の世界に登場します。

　アインシュタインは

　　　だったら光速度が一定であることから出発すれば
　　　いいじゃないか

という、今までの物理学者が考えもしなかった発想の転換で、相対性理論を構築します。

　ほんのちょっとだけご紹介すると

　速度というのは　距離÷時間　で計算しますね。アインシュタインは速度が一定であるならば、時間が変わるのではないかと考えたのです。

　　　高速で移動する乗り物の中と、止まっている場所
　　　とでは、時間の進み方が違うのではないか。
　　　乗り物の速度が速くなるほど時間はゆっくり進
　　　み、光の速度に近づくと時間はほとんど止まるの
　　　ではないか。

　つまり、どんな速度で移動する乗り物から見ても、光の速度が変わらないように見えるのは、速度を計算

する基準となっている「時間」の進み方が変わるから
だというのは、時間の概念にとらわれていた当時の物
理学者にとっては驚くべき発想ですね。

　デカルトの「次元の枠」を取っ払った発想は、数学
の世界ではまさにアインシュタイン級の発想の転換だ
ったのです。

5.　デカルトはさらに近代の数学を切り開く

　数学における哲学者デカルトの大きな業績はもう一
つあります。『方法序説』の「幾何学」の章の中で、デ
カルトは記号代数学を完成させ、紀元前3世紀以降の
多くの数学者が疑問にも思わなかった「次元の枠」を
外してみせますが、この書の中で彼はもう一つの数学
史に残る考え方を「座標」として示します。

　デカルトは「幾何学」の巻頭で比例を用いて2次元
の量を長さに還元することができることを宣言しまし
たね。もう一度デカルトの言葉のポイントを思い出す
と、「数学は、その対象とする事物が違っていても、
そこにある種々の関係または比例だけを研究するもの
だ。そこで最も簡単でわかりやすい線分を用いて比例

一般を調べ短い数字で説明しようと考えた」のでした。

　デカルトは比例を用いて、「次元の枠」を取り払いましたが、比例とは狭い意味では
　　　　一定の割合で変化する２つの数の組
　　　　⇨ １：２，２：４，３：６，など
を表しますが、意味を広げると
　　　　２つの数の組の比や割合の変化
　　　　⇨ （１：２）$\xrightarrow{2倍}$（２：４）
　　　　　（１：２）$\xrightarrow{3倍}$（３：６）
さらに一般的に言うと
　　　　ただの２つの数の組の変化ととらえる
ことができますね。

　そこでデカルトは、比例や数の組の関係を幾何学における線で表そうとし、座標やグラフの概念が形成されていくのです。
　私たちは小学生のころから座標が身近にあるので容易なことですが、デカルト以前のどの数学者も、２つの数の組の変化を点や線で表そうとは思わなかったことを忘れてはいけません。

　さてデカルトは具体的にどのように「座標」にたどりついたのでしょう。次の図を見てください。

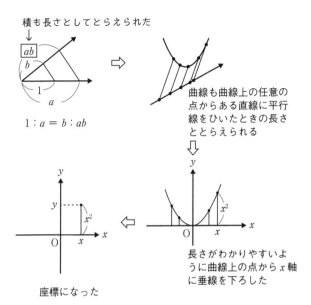

積も長さとしてとらえられた

ab

b

1

a

$1 : a = b : ab$

曲線も曲線上の任意の点からある直線に平行線をひいたときの長さととらえられる

y

x^2

O　x

長さがわかりやすいように曲線上の点からx軸に垂線を下ろした

y

y

x^2

O　x

座標になった

　するとすでに「次元の枠」を取り除いていますから、$y = x^2$の場合、yはx^2という長さに相当します。その長さをx軸の上方に取ることで2つの数の組$(x,\ x^2)$ ⇨ (x, y)を点としてとらえなおすことができ、点(x, y)をx軸とy軸を用いて表すことで、その点はx軸からの長さがyになります。そして、どんな曲線もx軸からの長さをもとに

　「座標」に現われる線分の長さ⇨数の組$(x,\ y)$

で表せるという「座標」の考えにたどりついたのです。

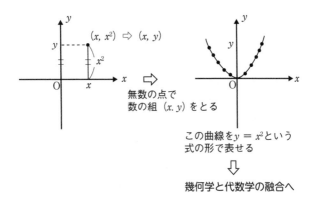

無数の点で
数の組 (x, y) をとる

この曲線を $y = x^2$ という
式の形で表せる

幾何学と代数学の融合へ

　こうして、さまざまな図形は座標上に再現され、点 (x, y) を代数的に考察することにより、それまでのユークリッド幾何学と近代の代数学が融合されていきます。

　このように幾何学を代数的に考えていく方法を解析幾何学といいますが、「座標」は様々な曲線を考察する道具として、特に物理の世界で大きく貢献します。

　デカルトと入れ替わるように現れたニュートンは、デカルトの提唱した新しい数学を徹底的に学ぶことで、曲線を詳しく調べるための道具となる微分学を構築します。さらに曲線が表す面積の考察にはライプニッツの積分学が生まれるのです。

　ニュートンは科学者の中の科学者、「人類が生んだ

最高の英知」と言う人もいますが、人格的にはかなり問題があったことは有名です。ホーキング博士（イギリスの宇宙物理学者で、ベストセラー『ホーキング、宇宙を語る』の著者）は、ニュートン嫌いの急先鋒かもしれません。横柄で攻撃的な言論で多くの人から人格を否定されていたニュートンですが、ある人に宛てた手紙の中でデカルトのことを巨人と評しています。極めて謙虚なこの言葉からも、ニュートンがいかにデカルトを高く評価していたかがわかりますね。

　私たちが力学で最初に教わる「慣性の法則」は、ニュートンの運動の法則の第一原理ですが、最初にこれを正しく認識したのはデカルトでした。ニュートンにとってまさにデカルトは、自分の発見のもとになる巨人だったのです。

　ニュートンとライプニッツが現れて、微分・積分が数学の仲間入りをしたことで、古代ギリシャから暗黒の中世を経た1000年以上の不毛の時代を取り戻すかのように、数学は一気に加速し発展を遂げていきます。

　さらにおそらくはデカルトが意図していた通り、座標は幾何学とは何の関係もない科学のさまざまな分野、たとえば化学反応、細胞増殖、動物の縞模様など

においても、目には見えない数の組の法則を、実際に目に見える図形としてとらえる道具になっていきます。

「幾何学」のなかで、デカルトは初めから科学一般に用いることができる理論を模索して、「座標」が生まれたのでした。湯川秀樹博士がその著書『創造への飛躍』でデカルトを天才の中の天才と評したのは、まさにこのことでした。

　デカルトの出現はまさにアインシュタインに匹敵する出来事だったのです。

6. モンキー・ハンティング

　デカルトの「座標」は、天才科学者ニュートンに絶大な影響を与えましたが、「座標」と「物理」とが具体的にどのように関わったのかを知る格好の教材が、高校物理にあります。

　それが「モンキー・ハンティング」。
　猟師が森で獲物のサルを発見し、銃でサルに狙いを定めます。一方サルも自分を狙っている猟師の姿を発

見。

　サルは猟師の放つ銃弾を避けるために、猟師が銃の引金を引いた瞬間に木から手を放して自由落下していきますが、サルの思惑とは違い、弾はみごとにサルに命中します。なぜだろう……というのがモンキー・ハンティングで、これをきっかけに高校物理に興味を持った人もきっといるはずですね。

　第3章の締めくくりとして、物理の中でデカルトの座標がどのように関わっているのかを考察してみましょう。

　まずはイメージをつかんでもらうために、
　　数学は中学3年生程度の計算とベクトルの基礎の基礎、物理は自由落下、上方投射、斜方投射の基礎の基礎
のお話を準備して、モンキー・ハンティングを証明してみます。

　物理に慣れていない高校生の皆さんや社会人の方には、一見難しそうな式が並びますが、丁寧に読んでみてください。思ったほど難しくないし、数式がいかに物理に関わっているかが感じ取れるはずです。

　「モンキー・ハンティング」を考える前に、6つの〈準

備〉をしておきましょう。

〈準備1〉ベクトルの分解

　ベクトルというのは主に高校2年で学ぶ内容の1つです。

　たとえば点Aから点Bに向かう矢印のことをベクトルといい、$\overrightarrow{AB}$ のように表します。

　このとき、向きと長さ（大きさ）が同じベクトルは
$$\overrightarrow{AB}=\overrightarrow{CD}$$
として、どちらも同じ矢印と判断します。

　なので、
$$\overrightarrow{AB}=\overrightarrow{CD}=\vec{a}$$
のように表すこともあります。

　2つのベクトル $\vec{a},\ \vec{b}$ があるとき、図のように平行四辺形の対角線のベクトル $\vec{c}$ を考え、$\vec{a}$ と $\vec{b}$ を加えたものを
$$\vec{c}=\vec{a}+\vec{b}$$
と決めます。

どうしてこんなものを考えるかというと、たとえば静水面を3.0［m/s］の速さで進むボートがあって、4.0［m/s］の速さで流れている川を向こう岸に渡りたいとき、川の流れに対して垂直方向にボートを向けて対岸に進もうとすると、ボートは川に流されながら対岸に着きますよね。

└→ まず状況をイメージしてください。

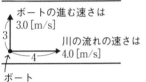

ボートの進む速さは
3.0［m/s］
川の流れの速さは
4.0［m/s］
ボート

ボートの進む方向
実際にボートが
流される方向
川の流れる方向

　ほらっ、左の図のように川の流れの方向と、ボートで進む方向を矢印で、さらに速さを矢印の長さで表現すると、ボートの置かれている状況がわかりやすい。

　このとき、ボートは実際にどのように移動するかというと、左図のように、川に流されながら右斜めの方向に進んでいきますね。

　このときのボートが進む速さはどうなるでしょうか。

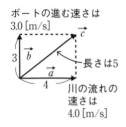

ボートの進む速さは
3.0 [m/s]

川の流れの
速さは
4.0 [m/s]

実際にボートが進んだ方向と長さを$\vec{c}$で表すと、左図のように
$$\vec{a} + \vec{b} = \vec{c}$$
で表すことができて、$\vec{c}$の長さが5であることから、岸に立って見ている人からは、このボートが$\vec{c}$の方向に速さ5.0 [m/s] で進むように見えるのです。

これでベクトルがなんとなくつかめたでしょうか。

ところで上の図を違った見方をすると、$\vec{c}$の方向に進む速さが5.0 [m/s] のボートの動きを$\vec{a}$と$\vec{b}$に分解して、川の流れが4.0 [m/s] のとき、ボートが本来進む$\vec{b}$の方向の速さは3.0 [m/s] と求めることも可能ですね。

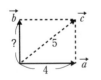

このようにベクトルには、2つのベクトルを1つにまとめたり、1つのベクトルを2つの方向に分解でき

る便利さがあります。

〈準備2〉 等速直線運動（等速度運動ともいう）

これはその名の通り、「同じ速さで同じ向きに一直線に進んでいく運動」です。

ホッケーのアイスパックを全く摩擦（まさつ）のないツルツルの氷の上で、選手が初速度20［m/s］の速さで打ち出すと、アイスパックはその速さを保ったまま一直線に進んでいくことはイメージできますね。5秒経ったときアイスパックは

$20 \times 5 = 100$ ［m］

移動していることも誰でもわかるはず。

このように等速直線運動する物体について

速度 v ［m/s］で時間 t ［s］の間に移動する距離 x は

$$x = vt \ [\mathrm{m}]$$

という関係が成り立つことも容易にわかりますね。

さて、物理と数学は共に数式を用いて考えていきますが、考え方には大きな違いがあります。

それは、数学が公理や定理を用いて証明していくのに対し、物理はまず事実があって、その現象を数式で表しては、その正しさを実験で示していくということ

です。

　つまり物理の世界では事実が先にあって、その事実を数式で表します。その一番わかりやすい例が自由落下運動です。

〈準備3〉自由落下運動

　物体をある位置から落下させると、空気抵抗がない場合、物質の質量（重さと思ってよい）に関係なく、同じ速さで落下していきます。同じ速さというのは等速度運動という意味ではなく、

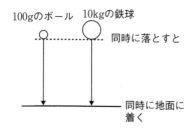

　上の図のように100gのボールも10kgの鉄球も、同時に手を離すと、どんどんスピードを増しながら、同時に地面に着くという意味です。

　今、どんどんスピードを増しながらと言いましたが、実験をくり返して落下運動の事実を調べると、

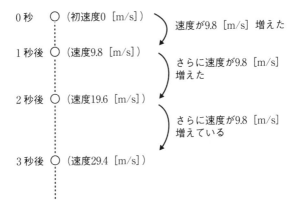

というように、

　1秒後の速度 9.8×1 [m/s]

　2秒後の速度 9.8×2 [m/s]

　3秒後の速度 9.8×3 [m/s]

　　　　　　　⋮

　t秒後の速度 9.8×t [m/s]

が成り立っていて、一般に時間 t [s] と速度 v [m/s]
のあいだには

　　$v = 9.8t$

の関係があることがわかりました。このときの9.8という値を**重力加速度**といい、記号 g で表します。つまり、

　　$g = 9.8$ [m/s^2]

　　　　↑1秒毎に速度が9.8 [m/s] 変化するので

　　　　　単位は $\dfrac{9.8\ [m/s]}{1\ [s]} = 9.8$ [m/s^2]

となりますが、今はあまり単位を気にしなくて大丈夫です。

これを用いると自由落下運動の速度 v は

$$v = gt \ [\text{m/s}] \quad \cdots ⓐ$$

となります。

　次に自由落下運動しているときの、手をはなしたところから t 秒後に物体がどの位置にあるかも、実験をくり返すことにより、落下した距離 y [m] と時間 t [s] との間には

$$y = \frac{1}{2}gt^2 \ [\text{m}] \quad \cdots ⓑ$$

の関係があることもわかっています。

　つまり1秒後、2秒後、3秒後の物体の位置は、手をはなしたところから見て

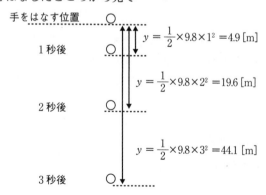

手をはなす位置　〇

1秒後　〇　　$y = \frac{1}{2} \times 9.8 \times 1^2 = 4.9\,[\text{m}]$

　　　　　　　$y = \frac{1}{2} \times 9.8 \times 2^2 = 19.6\,[\text{m}]$

2秒後　〇

　　　　　　　$y = \frac{1}{2} \times 9.8 \times 3^2 = 44.1\,[\text{m}]$

3秒後　〇

のように落下しているんですね。

〈準備4〉 鉛直投げ上げ運動

今度は物体を真上に初速度 v_0[m/s] で投げ上げてみましょう。このとき、時間 t[s] 後の物体の速度 v[m/s] や手をはなした位置から上に上がった距離 y[m] について、実験をくり返すと

$$v = v_0 - gt \ \text{[m/s]} \quad \cdots \text{ⓒ}$$ ⇦ 上に投げ上げると自由落下する速度の分だけ速さが減っている

$$y = v_0 t - \frac{1}{2}gt^2 \quad \cdots \text{ⓓ}$$ ⇦ 自由落下運動で落ちていく距離分が減っている

t 秒間等速度運動をしたら進む距離　　自由落下運動で進む距離

であることがわかります。つまり初速度 98[m/s] で投げ上げたとき、1 秒後、2 秒後の様子は、

2秒後 ○ ⇦このときの速度は $v = 98 - 9.8 \times 2 = 78.4$[m/s]
　　　　　高さは $y = 98 \times 2 - \frac{1}{2} \times 9.8 \times 2^2 = 176.4$[m]

1秒後 ○ ⇦このときの速度は $v = 98 - 9.8 \times 1 = 88.2$[m/s]
　　　　　高さは $y = 98 \times 1 - \frac{1}{2} \times 9.8 \times 1^2 = 93.1$[m]

○
投げ上げる位置

となります。

〈準備5〉ちょっとだけ数Ⅰの知識を導入

　高校の数Ⅰで三角比というのを学ぶのですが、下の直角三角形において辺の比 $\dfrac{b}{a}$, $\dfrac{c}{a}$, $\dfrac{c}{b}$ を作ったとき図の角 θ を用いて

$\dfrac{b}{a}$ の値のことを $\cos\theta$（コサインシータ）

$\dfrac{c}{a}$ の値のことを $\sin\theta$（サインシータ）

$\dfrac{c}{b}$ の値のことを $\tan\theta$（タンジェントシータ）

　つまり

$$\cos\theta = \frac{b}{a},\ \sin\theta = \frac{c}{a},\ \tan\theta = \frac{c}{b}$$

で表します。

　たとえば下の直角三角形なら

$$\cos\theta = \frac{4}{5},\ \sin\theta = \frac{3}{5},\ \tan\theta = \frac{3}{4}$$

という値になります。

このとき

Ⓐ	Ⓑ
$\cos\theta = \dfrac{b}{a}$ ⇔	$b = a\cos\theta$ ⇐ b の長さは斜辺 a に $\cos\theta$ をかける
$\sin\theta = \dfrac{c}{a}$ ⇔	$c = a\sin\theta$ ⇐ c の長さは斜辺 a に $\sin\theta$ をかける

と書き直すことができることも知っておいてください。

〈準備6〉いよいよ最後！ 斜方投射（斜め上方に投げ上げた物体の運動）

まず、水平方向となす角 θ の方向に、物体が初速度 v_0 [m/s] で投げ上げられた状態を考えるところからスタートです。このとき座標を導入して前ページの⑧を用いると

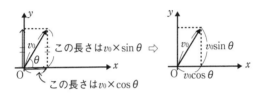

この長さは $v_0 \times \sin\theta$ ⇒ $v_0\sin\theta$

この長さは $v_0 \times \cos\theta$ ／ $v_0\cos\theta$

となりますね。この場合 x 軸は水平方向、y 軸は鉛直方向を表します。

つまり初速度 $\vec{v_0}$ は向きと大きさをもっているので、ベクトルとして $\vec{v_0}$ と考えると、

$\vec{v_0}$ は水平方向（x 軸）と鉛直方向（y 軸）の2つのベクトルに分解され、

　x 軸方向の速度は $v_0\cos\theta$
　y 軸方向の速度は $v_0\sin\theta$
であることがわかります。

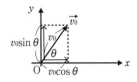

つまり初速度 v_0 [m/s] で斜方投射したとき、物体は水平方向（x 軸方向）には初速度 $v_0 \cos\theta$ [m/s] で進み鉛直方向（y 軸方向）には初速度 $v_0 \sin\theta$ [m/s] で打ち上げられます。

　そして鉛直方向への投げ上げは〈準備4〉により速度が落ちることがわかっていますね。

さあ準備はすべて整いました。
いざモンキー・ハンティングの世界へ！

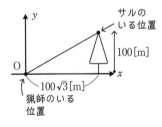

　話がわかりやすいようにサルは図の高さ100[m] の木のてっぺんにいることにしましょう。猟師がいる場所と木の距離は $100\sqrt{3}$ [m] とします。

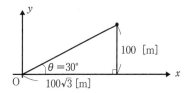

猟師のいる位置から木までの距離、木の高さの様子から、猟師は水平方向から $\theta = 30°$ で、サルに向けて銃口を向けています。銃から発射される弾の初速度は $49 \,[\text{m/s}]$。

└─ わっ、遅っ…いえいえ話を
  わかりやすくするためです

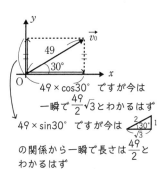

$49 \times \cos30°$ ですが今は
一瞬で $\dfrac{49}{2}\sqrt{3}$ とわかるはず

$49 \times \sin30°$ ですが今は

の関係から一瞬で長さは $\dfrac{49}{2}$ と
わかるはず

すると弾の速度は、x 軸方向と y 軸方向に分解して
x 軸方向の初速度が
$\dfrac{49}{2}\sqrt{3} \,[\text{m/s}]$

y 軸方向の初速度は
$\dfrac{49}{2}[\text{m/s}]$

とわかります。

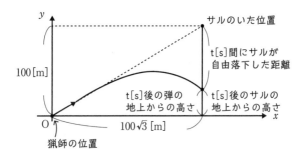

もしも猟師の弾がサルに命中するのなら、t[s] 後のサルの地上からの高さと、弾の地上からの高さが一致するはずですね。

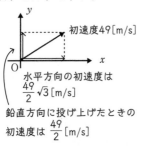

初速度49[m/s]

水平方向の初速度は $\frac{49}{2}\sqrt{3}$[m/s]

鉛直方向に投げ上げたときの初速度は $\frac{49}{2}$[m/s]

弾は x 軸方向には初速度 $\frac{49}{2}\sqrt{3}$ [m/s] で等速度運動をしています。

↳妨げるものが何もないので

つまり弾が木の位置まで $100\sqrt{3}$ [m] 進むのにかかる時間 t_1 は

$$t_1 = \frac{100\sqrt{3}}{\frac{49}{2}\sqrt{3}} = \frac{200}{49}\text{[s]}$$

（約 4.08 秒）

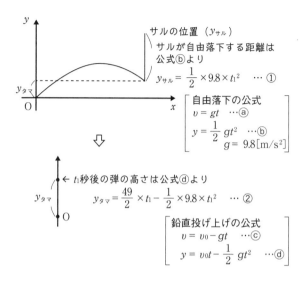

サルの位置 ($y_{サル}$)

サルが自由落下する距離は
公式ⓑより

$$y_{サル} = \frac{1}{2} \times 9.8 \times t_1{}^2 \quad \cdots ①$$

$$\left[\begin{array}{l}自由落下の公式 \\ v = gt \quad \cdots ⓐ \\ y = \dfrac{1}{2}\, gt^2 \quad \cdots ⓑ \\ g = 9.8\,[\mathrm{m/s^2}]\end{array}\right]$$

← t_1秒後の弾の高さは公式ⓓより

$$y_{タマ} = \frac{49}{2} \times t_1 - \frac{1}{2} \times 9.8 \times t_1{}^2 \quad \cdots ②$$

$$\left[\begin{array}{l}鉛直投げ上げの公式 \\ v = v_0 - gt \quad \cdots ⓒ \\ y = v_0 t - \dfrac{1}{2}\, gt^2 \quad \cdots ⓓ\end{array}\right]$$

すると $t_1 = \dfrac{200}{49}\,[\mathrm{s}]$ 後のサルの地上からの高さは①より

$$\begin{aligned}
100 - \underbrace{\frac{1}{2} \times 9.8 \times t_1{}^2}_{①} &= 100 - \frac{1}{2} \times 9.8 \times \left(\frac{200}{49}\right)^2 \quad \cdots (*) \\
&= 100 - \frac{1}{2} \cdot \frac{98}{10} \cdot \frac{200^2}{49^2} \\
&= 100 - \frac{1}{2} \cdot \frac{49 \cdot 2}{10} \cdot \frac{200^2}{49^2} \\
&= 100 - \frac{200^2}{10 \cdot 49} \fallingdotseq 18.36 \,[\mathrm{m}]
\end{aligned}$$

$t_1 = \dfrac{200}{49}$ [s] 後の、弾の地上からの高さは②より

$$\dfrac{49}{2} \times \dfrac{200}{49} - \dfrac{1}{2} \times 9.8 \times \left(\dfrac{200}{49}\right)^2$$

$$= 100 - \dfrac{1}{2} \times 9.8 \times \left(\dfrac{200}{49}\right)^2 \Leftarrow おっ、（＊）の式と同じ$$

$$\fallingdotseq 18.37 \ [\text{m}]$$

　なるほど、銃の引き金が引かれた瞬間、木の枝から手をはなしたサルは、$t_1 = \dfrac{200}{49} \fallingdotseq 4.08$ [s] 後にしっかり弾が放物運動をしてくる位置に落ちてくるのでした。

　どうだったでしょうか。

　座標を用いて、弾の運動状態を分解してとらえ、物理実験から得られた公式を使って数式処理する手順は、まさにデカルトの2つの発見がそのまま生きていることが伝わりましたか。

　このような簡単な曲線の考察から始まり、微分学・積分学の研究が進むことにより、今の私たちの生活は多くの恩恵を受けています。

　　ウォシュレットの水が描く最適な曲線の決定、
　　気象衛星の打ち上げに必要な軌道計算と修正、
　　生物の個体数の時間による変化、
　　交通量による渋滞予測

など、日常に潜むさまざまな変化の様子は、微分や微
分方程式を用いて計算されています。

1. 「円周率」の東大入試の（解法3）

理系第6問

円周率が 3.05 よりも大きいことを証明せよ。

　45ページで述べた高校数学らしい解法を紹介します（以下、『高校生が感動した微分・積分の授業』P19〜22 より）。

　それではここでアルキメデスの知恵を利用して、先ほどの東大の問題を実際に解いてみましょう。

　必要な知識は数Ⅱで学ぶ三角関数、特に**加法定理**です。そこで三角関数の基本である三角比と加法定理について確認しておきます。

　165ページでも述べましたが、三角比というのは直角三角形における３辺の比の様子で下の直角三角形において、$\sin \theta$、$\cos \theta$、$\tan \theta$を次のような辺の比で表していましたね。

左図において辺の比を
$$\sin \theta = \frac{c}{a},\ \cos \theta = \frac{b}{a},\ \tan \theta = \frac{c}{b}$$
のように表すのでした

これを用いると 60°や 45°を含む直角三角形の比から

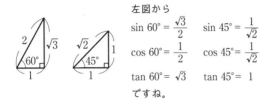

左図から

$\sin 60° = \dfrac{\sqrt{3}}{2}$　　$\sin 45° = \dfrac{1}{\sqrt{2}}$

$\cos 60° = \dfrac{1}{2}$　　$\cos 45° = \dfrac{1}{\sqrt{2}}$

$\tan 60° = \sqrt{3}$　　$\tan 45° = 1$

ですね。

のような値が得られるのでした。

　加法定理というのは

$$\sin(\alpha + \beta) = \sin\alpha\cos\beta + \cos\alpha\sin\beta$$
$$\cos(\alpha + \beta) = \cos\alpha\cos\beta - \sin\alpha\sin\beta$$

のように sin や cos のあとにつく（$\alpha + \beta$）のかっこのはずし方についての公式でした。証明は数学的には重要なのですが、今は公式を使えれば十分なのでここでは省略します（ちなみに微積分では三角関数と指数・対数関数の知識が必要不可欠なので、数 II を勉強されている高 2 生の皆さんはしっかりと正確に使えるようにしておくとよいですね）。

　さて、これらを用いると東大の問題を次のように解くことができます。

「円周率が 3.05 より大きいことを証明せよ。」

図のように半径1の円Cに内接
する正12角形Sを考えます。
Sの一辺の長さを ℓ とすると、
右図の影をつけた三角形について

$$\sin 15° = \frac{\frac{1}{2}\ell}{1}$$

ですから

$$\ell = 2\sin 15° \cdots ①$$

が成り立ちますね。

正12角形S

すると加法定理

$$\sin(\alpha - \beta) = \sin\alpha\cos\beta - \cos\alpha\sin\beta$$

において $\alpha = 60°$, $\beta = 45°$ を代入すると

$$\sin(60° - 45°) = \sin 60°\cos 45° - \cos 60°\sin 45°$$

$$\therefore \quad \sin 15° = \frac{\sqrt{3}}{2} \cdot \frac{\sqrt{2}}{2} - \frac{1}{2} \cdot \frac{\sqrt{2}}{2}$$

$$= \frac{\sqrt{6} - \sqrt{2}}{4} \cdots ②$$

であることがわかりますから、これを①に代入して

$$\ell = 2 \cdot \frac{\sqrt{6} - \sqrt{2}}{4} = \frac{\sqrt{6} - \sqrt{2}}{2} \cdots ①'$$

になりますね。

するとSの周の長さは
　（Sの周の長さ）

$$= \ell \times 12$$

$$= \frac{\sqrt{6} - \sqrt{2}}{2} \times 12$$

$$= 6(\sqrt{6} - \sqrt{2}) \cdots ③$$

になります。

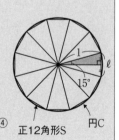

$$\frac{（円周の長さ）}{（直径の長さ）} = （円周率 \pi） \cdots ④$$

正12角形S　　円C

ですから円Cの円周の長さは

$$（円周の長さ）=（直径の長さ）\times \pi$$
$$=2\pi \quad \cdots ⑤$$

すると図から明らかに

$$（円周の長さ）>（Sの周の長さ）\quad \cdots ⑥$$

が成り立っていますから、⑥に③，⑤の値を代入して

$$2\pi > 6\,(\sqrt{6}-\sqrt{2}) \quad \therefore\ \pi > 3\,(\sqrt{6}-\sqrt{2}) \quad \cdots ⑦$$

ここで

$$2.44^2 = 5.9536 < 6 \quad \therefore\ 2.44 < \sqrt{6} \quad \cdots ⑧$$
$$1.42^2 = 2.0164 > 2 \quad \therefore\ 1.42 > \sqrt{2} \quad \cdots ⑨$$

よって　⑨×（−1）を作ると　$-\sqrt{2} > -1.42$　$\cdots ⑨'$

$$\begin{array}{r} \sqrt{6} > 2.44 \quad \cdots ⑧ \\ +)\ -\sqrt{2} > -1.42 \quad \cdots ⑨' \\ \hline \sqrt{6}-\sqrt{2} > 1.02 \quad \therefore\ 3\,(\sqrt{6}-\sqrt{2}) > 3.06 \cdots ⑩ \end{array}$$

⑦、⑩より　$\pi > 3\,(\sqrt{6}-\sqrt{2}) > 3.06 > 3.05$ となり、

$$\pi > 3.05$$

が示されました。

2.「ライプニッツ級数」の証明

56 ページで登場した「ライプニッツ級数」、

$$1 + \left(-\frac{1}{3}\right) + \frac{1}{5} + \left(-\frac{1}{7}\right) + \cdots\cdots = \frac{\pi}{4} \quad \cdots Ⓐ$$

の証明は、数学Ⅲ（理系の微積分）の知識が必要です。すでに微積分を学習済みの高校生や、細かい微積分の計算は忘れてしまったが、ライプニッツ級数の証明の雰囲気を味わってみたいと思われる社会人の方は、以下の解説にチャレンジしてみてください。高3の理系の皆さんは、しっかりやっておくと入試に直結しますよ。

まずライプニッツ級数（Ⓐ式）を証明するための準備をしますよ。

〈準備1〉第 n 項 a_n

　Ⓐの左辺の各項を

$$a_1 = 1$$

$$a_② = -\frac{1}{3} \quad \Rightarrow \quad (-1)^① \cdot \frac{1}{2 \cdot ② - 1}$$

$$a_③ = \frac{1}{5} \quad \Rightarrow \quad (-1)^② \cdot \frac{1}{2 \cdot ③ - 1}$$

$$a_④ = -\frac{1}{7} \quad \Rightarrow \quad (-1)^③ \cdot \frac{1}{2 \cdot ④ - 1}$$

$$\vdots$$

⇨の前後の○の数字について規則性を見つけてください　すると a_n は……

とすると、第 n 項 a_n は $a_n = (-1)^{n-1} \cdot \dfrac{1}{2n-1}$ ですね！

ではちょっと練習を。

$$1 + (-x^2) + x^4 + (-x^6) + \cdots \quad \cdots ①$$

の各項を a_1, a_2, a_3, a_4, …とすると第 n 項 a_n はどうなりますか。

$a_1 = 1$

$a_② = -x^2 \Rightarrow (-x^2)^①$

$a_③ = x^4 \Rightarrow (-x^2)^②$　$\Big\}$ $\Rightarrow$ の前後の○の数字について規則性がありますね

$a_④ = -x^6 \Rightarrow (-x^2)^③$

$\vdots$

とすると第 n 項 a_n は

$$a_n = (-x^2)^{n-1} = (-1)^{n-1} x^{2n-2} \quad \cdots\cdots ②です！$$

〈準備2〉 等比数列の和

等比数列

$$a_1, \quad a_1 r, \quad a_1 r^2, \quad a_1 r^3, \cdots\cdots, \quad a_1 r^{n-1}$$

$\underbrace{\qquad}_{\times r倍} \underbrace{\qquad}_{\times r倍} \underbrace{\qquad}_{\times r倍} \underbrace{\qquad}_{\times r倍}$

の和 S_n は、P49〜P51 で説明したように

$$S_n = a_1 + a_1 r + a_1 r^2 + a_1 r^3 + \cdots\cdots + a_1 r^{n-1}$$

$$= \frac{a_1(1-r^n)}{1-r} \ (r \neq 1) \quad \cdots (*)$$

でした。

ではこのページ 2 行目の

$$1 + (-x^2) + x^4 + (-x^6) + \cdots \quad \cdots ①$$

について第 n 項までの和を S_n とすると

$$S_n = 1 + (-x^2) + x^4 + (-x^6) + \cdots\cdots + \underbrace{(-1)^{n-1} x^{2n-2}}_{} \quad \cdots ③$$

ですが、この式をよく見ると

$$②より\ a_n = (-1)^{n-1} x^{2n-2}$$

$$S_n = 1 \underbrace{+ (-x^2)}_{\times(-x^2)} \underbrace{+ x^4}_{\times(-x^2)} \underbrace{+ (-x^6)}_{\times(-x^2)} + \cdots\cdots + (-1)^{n-1} x^{2n-2}$$

のように公比 $(-x^2)$ の等比数列の和になっています
ね。すると（＊）式に $a_1 = 1$，$r = -x^2$ を代入して

$$S_n = 1 + (-x^2) + x^4 + (-x^6) + \cdots\cdots + (-1)^{n-1} x^{2n-2}$$

$$= \frac{1\{1 - (-x^2)^n\}}{1 - (-x^2)} = \frac{1 - (-1)^n \cdot x^{2n}}{1 + x^2}$$

$$= \frac{1}{1+x^2} - \frac{(-1)^n \cdot x^{2n}}{1 + x^2} \quad \cdots ④$$

になります。

（う～ん、ライプニッツ級数の証明にだんだん近づい
ていますからがんばって！）

〈準備3〉 数学Ⅱの積分を復習 ⇨ やさしい人は とばしてネ！

1つ増やして

$$\underbrace{\int_0^1 x^{②} dx}_{積分計算} = \left[\frac{x^{③}}{③} \right]_0^1 = \boxed{\frac{1^3}{3} - \frac{0^3}{3}} = \frac{1}{3}$$

分子の
指数で割る

$\searrow$（$\frac{x^3}{3}$ の x に1を代入）

　　　－（$\frac{x^3}{3}$ の x に0を代入）

$$\int_1^2 x^4 dx = \left[\frac{x^5}{5} \right]_1^2 = \frac{2^5}{5} - \frac{1^5}{5} = \frac{31}{5}$$

$$\int_0^1 1\,dx = \int_0^1 x^0\,dx = \left[\frac{x^1}{1}\right]_0^1 = \frac{1}{1} - \frac{0}{1} = 1$$

$x^0 = 1$ です

$$\int_0^1 x^{2n}\,dx = \left[\frac{x^{2n+1}}{2n+1}\right]_0^1 = \frac{1}{2n+1} - \frac{0}{2n+1} = \frac{1}{2n+1} \quad \cdots ⑤$$

〈準備3′〉 数学Ⅲの積分を復習

理系の人は入試に最もよく出る積分計算の1つ

$$\int_0^1 \frac{1}{1+x^2}\,dx = \frac{\pi}{4} \quad \cdots ⑥$$

を必ず確かめてください。

定期テストでは必ず出題されますから、絶対にやってください
ね。何？　出なかったらどうしてくれるですって――。
そのときは山本先生がマクドナルドでフルコースをごちそ
うしようじゃないか！

文系や社会人の皆さんは、

$$\int_0^1 \frac{1}{1+x^2}\,dx \text{ を計算すると} \frac{\pi}{4} \text{ になるんだ……}$$

で構いません。

さあ、準備が整いましたから、いよいよライプニッ
ツ級数

$$1 + \left(-\frac{1}{3}\right) + \frac{1}{5} + \left(-\frac{1}{7}\right) + \cdots\cdots = \frac{\pi}{4} \quad \cdots Ⓐ$$

を証明してみましょう。

まず突然ではありますが

$$\underbrace{1 + (-x^2) + x^4 + (-x^6) + \cdots\cdots}_{n \text{ 項の和}}$$ ←あれ、準備1の①式だ

を考えます。第 n 項は準備1の②式を用いて書けて、n 項の和を S_n とすると

$$S_n = \underset{a_1}{\underbrace{1}} + \underset{a_2}{\underbrace{(-x^2)}} + \underset{a_3}{\underbrace{x^4}} + \underset{a_4}{\underbrace{(-x^6)}} + \cdots\cdots + \underset{a_n}{\underbrace{(-1)^{n-1} x^{2n-2}}}$$

ですね。

すると今度は準備2の③式と④式より

$$S_n = 1 + (-x^2) + x^4 + (-x^6) + \cdots\cdots + (-1)^{n-1} x^{2n-2} \quad \cdots ③$$

$$= \frac{1}{1+x^2} - \boxed{\frac{(-1)^n \cdot x^{2n}}{1+x^2}} \cdots ④$$

になることまでわかりました。

④を変形すると

$$\boxed{\frac{(-1)^n x^{2n}}{1+x^2}} = \frac{1}{1+x^2} - S_n \quad \cdots ④'$$

と書けます。

ところで④′の左辺 $\boxed{\dfrac{(-1)^n x^{2n}}{1+x^2}}$ を $f_n(x)$ とおくと

$$f_n(x) = \boxed{\frac{(-1)^n x^{2n}}{1+x^2}} \quad \cdots ⑦$$

について

$0 \leqq x \leqq 1$ のとき

$$\left| \frac{(-1)^n x^{2n}}{1+x^2} \right| \leqq x^{2n} \quad \cdots \text{⑧} \quad \therefore |f_n(x)| \leqq x^{2n} \quad \cdots \text{⑧}'$$

どうしてかは3行下に

が成り立ちます。⇨要は $f_n(x)$ と x^{2n} の大小が比べたいだけ。

┌─ どうして⑥が成り立つのかって？ ──────────────

以下は高3生、大学受験生だけ読んでください。

$0 \leqq x \leqq 1$ のとき

$$1 \geqq \frac{1}{1+x^2} = \frac{|(-1)^n|}{|1+x^2|} = \left| \frac{(-1)^n}{1+x^2} \right|$$

$$\therefore \left| \frac{(-1)^n}{1+x^2} \right| \leqq 1$$

両辺に x^{2n} をかけると

$$x^{2n} \left| \frac{(-1)^n}{1+x^2} \right| \leqq x^{2n}$$

$$\left| \frac{(-1)^n \cdot x^{2n}}{1+x^2} \right| \leqq x^{2n} \quad \cdots \text{⑧} \quad ⇦ \text{ほら、} \\ \text{できた！}$$

あっ、高3生と大学受験生だけ読むよう言ったのに、キミも読んだナ！

└─────────────────────────────────────

さて、$0 \leqq x \leqq 1$ のとき $|f_n(x)| \leqq x^{2n}$ $\cdots$⑧$'$ でしたね。では両辺を $0 \leqq x \leqq 1$ で積分してみましょう。すると

$$\int_0^1 \left| f_n(x) \right| dx \leqq \underbrace{\int_0^1 x^{2n} dx}$$

↳ あっ、これは準備3の⑤式だ

$$\therefore \int_0^1 \left| f_n(x) \right| dx \leqq \frac{1}{2n+1} \quad \Longleftarrow ⑤より$$

ここで一般に積分では $\left| \int_a^\beta f(x) \, dx \right| \leqq \int_a^\beta \left| f(x) \right| dx$ が
成り立つことを用いると　　　↑ ||記号の ↑
　　　　　　　　　　　　　　　位置に注意

$$\left| \int_0^1 f_n(x) \, dx \right| \leqq \int_0^1 \left| f_n(x) \right| dx \leqq \frac{1}{2n+1}$$

で、今度は両端の式を比べて

$$\left| \int_0^1 f_n(x) \, dx \right| \leqq \frac{1}{2n+1}$$

$$\therefore \underbrace{0 \leqq} \left| \int_0^1 f_n(x) \, dx \right| \leqq \frac{1}{2n+1} \quad \cdots ⑨$$

↳ ||記号の数値は0以上だから

であることまでたどりつきました。

　ではお待ちどおさま。いよいよライプニッツ級数の
登場です！　⑨式の||記号の中の式について

$$\int_0^1 f_n(x) \, dx = \int_0^1 \left(\frac{1}{1+x^2} - S_n \right) dx$$

　　　　④', ⑦より $f_n(x) = \dfrac{1}{1+x^2} - S_n$ です

$$= \int_0^1 \frac{1}{1+x^2} \, dx - \int_0^1 S_n dx$$

$$= \int_0^1 \frac{1}{1+x^2} \, dx$$

おっと、ここは準備3′で
この計算結果は $\frac{\pi}{4}$ だ！

$$- \int_0^1 \{ 1 + (-x^2) + x^4 + (-x^6) + \cdots\cdots + (-1)^{n-1} x^{2n-2} \} \, dx$$

└→ S_n の正体は③です

$$= \frac{\pi}{4} - \int_0^1 \{ 1 - x^2 + x^4 - x^6 + \cdots\cdots (-1)^{n-1} x^{2n-2} \} \, dx$$

└→この計算は準備3だぞ！

$$= \frac{\pi}{4} - \left[x - \frac{x^3}{3} + \frac{x^5}{5} - \frac{x^7}{7} + \cdots\cdots + (-1)^{n-1} \cdot \frac{x^{2n-1}}{2n-1} \right]_0^1$$

$$= \frac{\pi}{4} - \left\{ 1 - \frac{1}{3} + \frac{1}{5} - \frac{1}{7} + \cdots\cdots + (-1)^{n-1} \cdot \frac{1}{2n-1} \right\}$$

└→おおっ、ついにライプニッツ級数
らしきものが現れてきた〜！

…⑩

⑩式を⑨式に代入すると

$$0 \leq$$

$$\left| \frac{\pi}{4} - \left\{ 1 - \frac{1}{3} + \frac{1}{5} - \frac{1}{7} + \cdots\cdots + (-1)^{n-1} \cdot \frac{1}{2n-1} \right\} \right|$$

└→ $n \to \infty$（無限大）に
すると
$1 - \frac{1}{3} + \frac{1}{5} - \frac{1}{7} + \cdots\cdots$

$$\leq \frac{1}{2n+1} \quad \cdots\cdots ⑨'$$

$n \to \infty$ にすると
この値は0に近づきます

と永遠に計算する
式になります

よって $n \to \infty$ のとき⑨′式は

$$0 \leq \left| \frac{\pi}{4} - \left(1 - \frac{1}{3} + \frac{1}{5} - \frac{1}{7} + \cdots\cdots \right) \right| \leq 0$$

つまり $n \to \infty$ のとき｜　｜記号の中身も0に近づいて

$$1 - \frac{1}{3} + \frac{1}{5} - \frac{1}{7} + \cdots\cdots = \frac{\pi}{4} \quad \cdots ⓐ \text{（ライプニッツ級数）}$$

が示されたというわけ！

　以上、証明してきた「ライプニッツ級数」は、とても有名な級数で入試にも頻出します。
　代表的な問題を1つ挙げると
「自然数 n に対して $a_n = \int_0^{\frac{\pi}{4}} (\tan x)^{2n} dx$ とおく。
次の問いに答えよ。

　(1)　a_1 を求めよ。

　(2)　a_{n+1} を a_n で表せ。

　(3)　$\lim_{n\to\infty} a_n$ を求めよ。

　(4)　$\lim_{n\to\infty} \sum_{k=1}^{n} \frac{(-1)^{k-1}}{2k-1}$ を求めよ。

　　　 ↳この式が具体的には　　　　　（北海道大 2009年）」
　　　 $1+\left(-\frac{1}{3}\right)+\frac{1}{5}+\left(-\frac{1}{7}\right)+\cdots\cdots$
　　　 の意味になっています

がありますが、同様の問題は2009年以降でも
　埼玉大（2012年）、新潟大（2014年）、東京理科大（2015年）、名古屋市立大（2015年）、首都大東京（現都立大、2018年）
など、多くの大学で出題されています。

伝説の3人の予備校講師

第1部では

①古代ギリシャ数学の代表として、アルキメデスの功績である円周率と、高校数学の関わり

②数学の大きなテーマである方程式の解の問題と3次方程式の解法、さらにカルダノの方法

③中世の数学から脱却して近代の新しい数学の道を示したデカルトの座標軸と、物理の世界との融合

を扱って

幾何学➡方程式の解➡座標と関数➡微分

といった高校数学の役割を大雑把にお話ししました。

第2部では、山本が受験生だったころに、受験数学の神様として多くの高校生や受験生から慕われていた、

根岸世雄先生、

山本矩一郎先生、

渡辺次男先生

の数学に対する解法の違いをお話ししながら、山本が考える「数学の正しい勉強法」をお伝えしていこうと思います。

ここで取り上げる問題は、実際の大学入試問題のうち、高校数学と中学数学の違いがわかるような問題を選定しています。さらにこの本の読者が高校生や、社会人で高校数学に関心を持たれた方が主であることを

考えて、使う知識は中学生の数学までに限定し、新高校1年生でも十分理解できるようなものを選んであります。そうすることにより、

　　高校生になって高校数学に戸惑っている高1生
　　教科書の数学と入試問題とのギャップに悩む受験生
　　高校数学には不慣れだけれど、中学とは違った数学
　　の雰囲気を味わいたい社会人の方

は、何かを感じとってもらえるのではないかと思います。

　取り上げた問題の計算自体は、三角関数や微積分といった高校数学の知識は一切不要ですので、ぜひ皆さん、自分で手を動かしたあとに解説を読んでみてください。

第1章
受験の神様と呼ばれた渡辺次男先生の数学

1. 大学受験ブームに降臨した「受験の神様」

　山本が大学受験生だったころは、高校3年生だけで170万人ぐらいいて、70万人弱が大学を目指している時代でした。世にいう団塊の世代がちょうど一段落して、年々出生率が少しずつ下がり始めたころですね。

　このころは大学進学希望者の数と大学の定員の差が大きく、大学は狭き門の代名詞で、予備校は主に首都圏や大都市圏に乱立していました。地方にはほとんど予備校がなく、進学高校に併設された補習科というのがあって、地方の人が高校を卒業して浪人をするときは、高校の中にある浪人生のためのクラスに通うことが多かったのです。

　昭和40年〜50年代、東京には様々な個性ある予備校が多数存在しました。

　駿台予備学校は東大受験生の多くを抱え、最も古い予備校の一つ研数学館は、レンガ造りの建物がとてもおしゃれでした。大塚には質素ながらも堅実だった武蔵予備校があって、確かこの予備校の1987〜1988年にかけてのCMソングが、あの岡村孝子さんの「夢をあきらめないで」で、ほんとうに上品なCMでした。

　ちなみにこの曲は山本が好きな曲のベスト10に入るぐらい気に入っています。

　そして代々木には、全国の講師を選りすぐって「講師の代ゼミ」の名をほしいままにし、全国一の生徒数を誇った代々木ゼミナール、面倒見の良かった代々木学院、質実剛健の気風を持った代々木予備校など、狭いエリアに個性の強い3つの予備校がひしめき合っていました。

　このほかにも英語の名講師・志賀武男先生がおられた早稲田ゼミナール、国語の名物講師・馬場武次郎先生がおられた一橋学院、さらに渋谷ゼミナール、英進予備校、城北予備校、新宿セミナー、新宿予備校、中央ゼミナールなど、多くの予備校が浪人生や現役生を抱えていたのです。

　そんな過熱する大学受験ブームの中で絶大な人気を誇っておられたのが、"受験数学の神様"と異名をとった渡辺次男先生。

月曜日の午前中は新宿セミナー、午後は英進予備校、火曜日の午前中は代々木学院、午後は渋谷ゼミナール、というようにあちらこちらの予備校からひっぱりだこでしたが、駿台・代ゼミの2大予備校ではなぜか授業をされませんでした。

　なので駿台生や代ゼミ生で渡辺先生の授業の魅力に惹かれた浪人生たちは、午後3時ぐらいに予備校の授業が終わるとすぐに、渡辺先生がおられる予備校まで授業を受けに行ったものでした。そこまでしてでも受けてみたいと感じさせる先生だったんですね。

2. 問題を解くときの原則を大切にする

　渡辺先生は温厚な雰囲気で、とても面倒見がよい方でした。先生のわずか2分程度の個別指導を受けるために、チャート式数学の参考書を携えた生徒たちが、講師室で長い列を作って待っている光景が日常でした。

　渡辺先生の授業の魅力を一言で言うと、
　「数学の問題を解くときの原則を大切にする」…Ⓐ
授業でした。

　また渡辺先生の信条は

　「問題を解くことで問題の解法をつかむ」…Ⓑ

ということで、実際に問題を解きながら「**解法の原則**」を生徒につかませ、徹底的に練習問題をやることで原則を体にしみこませることを実践されていました。

　これは高校数学の勉強をするうえで、山本も一番大切なことだと思います。

　山本は代々木ゼミナールで仕事をするだけでなく、自分の数学塾でも教えていますが、中間テスト対策の勉強や、数学が苦手な生徒の皆さんと接するときは、必ずⒶとⒷをセットにして勉強を見てあげることにしています。

　ところで渡辺先生の

　「**数学の問題を解くときの原則を大切にする**」…Ⓐ

とはどういうことでしょうか。

　それを実際に問題を解きながらお話ししたいと思います。

$abc = 1$ のとき

$$\frac{a}{ab+a+1} + \frac{b}{bc+b+1} + \frac{c}{ca+c+1} = 1 \quad \cdots \text{\textcircled{A}}$$

であることを証明せよ。

（青山学院大）

　高校で学ぶ数学と中学で教わる数学には大きな違いがいくつもありますが、1つ目の違いは上の問題文のように「多くの文字を含む式を扱う」ことです。

　中学の数学でも文字を使うことはありますが、ほとんどの場合、方程式をたてるときに用いる x や y などで、上のような証明問題で見ることはほとんどありません。

　さてこの問題1は、青山学院大だけでなく、法政大、日本歯科大など多数の大学で出題された有名問題ですが、今この本を読んでくださっている皆さんは、この問題をどのように考えるでしょうか。

　使う知識は中学の数学程度で十分ですので、まずはちょっとの間、手を動かしてみてください。

　どうですか。うまく証明できたでしょうか。見た目は簡単そうなのに、思ったより難しいですね。

　さっそくこの問題を解いてみましょう。ここからは
渡辺先生の「解法の原則」をベースに、普段山本が予
備校で教えるときの口調で解説をしてみますから、し
ばらくは予備校の授業の雰囲気も楽しんでください。

$$abc = 1 \quad \cdots ①$$
$$\frac{a}{ab+a+1} + \frac{b}{bc+b+1} + \frac{c}{ca+c+1} = 1 \quad \cdots Ⓐ$$

とします。

　まず、次のように解こうとした人はいませんか。
　Ⓐ式の左辺を通分して、
$$\frac{a(bc+b+1)(ca+c+1)+b(ab+a+1)(ca+c+1)+\cdots}{(ab+a+1)(bc+b+1)(ca+c+1)} = 1 \quad \cdots ②$$
　あるいはⒶ式の分母を払って
$$a(bc+b+1)(ca+c+1)+b(ab+a+1)(ca+c+1)+\cdots$$
$$=(ab+a+1)(bc+b+1)(ca+c+1) \quad \cdots ②'$$

　Ⓐを②や②′に変形しようとした人は、2つの大き
なミスをおかしてしまった——。

　1つ目のミスは、②や②′の式の形なんだ。
　今、ボクたちはⒶという等式を証明したいんだよね。
つまり、

「Ⓐの ＝（等号）が成り立つはずだから、さあ示して
みろ！」
といわれているわけだ。

　ところが、②式も②′式も
　　　□＝1　とか　　□＝□
というように、はじめから ＝（等号）がついていて、
まだ両辺は等しいかどうかわからないのに、両辺は等
しいものだと決めつけた式を書いている。

　これは「等式の証明とは何をするべきか」がイメー
ジできていない大きな誤りです。

　もう1つのミスは
　$abc = 1$　…①
という条件の使い方を何も考えずに、いきなりⒶを変
形してしまったということです。

　いいかい。Ⓐ式というのは、$abc = 1$　…①という条
件を使って計算しないと、両辺の等号は成立しないん
だぜ。つまり①式があってのⒶ式なんだ。
　だから①式をどう使ってⒶ式の等号関係を示すか、
すべては①の使い方がkeyをにぎっているに違いない。

　高校数学の正しい勉強法をマスターする上で、まず
みんなに知ってほしいのは、
「高校数学では等式条件の使い方で、解法が違ってくる」

ことなんだ。

それをしっかり意識した上で、

$$abc = 1 \qquad\qquad\qquad \cdots ①$$

$$\frac{a}{ab+a+1} + \frac{b}{bc+b+1} + \frac{c}{ca+c+1} = 1 \quad \cdots Ⓐ$$

についてもう一度考えてみるよ。

まず $abc = 1$　…①

これはもちろん証明する式ではない。

①式を使ってⒶ式を示せというのだから、①式をどう使っていくかがキミたちの腕の見せどころだ。

ところで $abc = 1$　…①は等式によって示された条件だから、明らかに等式条件です。そして等式条件のついた高校数学の問題では

> 〈等式条件の原則〉
> （ⅰ）まず文字消去（文字交換）が基本
> （ⅱ）定数の消去に用いる
> （ⅲ）全体消去に用いる
> （ⅳ）次数下げに用いる

のどれかで必ず、いいかい必ず！できるものなんです。

すると、以下のようなオーソドックスな解答が考えられますよ。

（解法1）

$abc = 1$ $\cdots$① のとき

$$\frac{a}{ab+a+1} + \frac{b}{bc+b+1} + \frac{c}{ca+c+1} = 1 \quad \cdots Ⓐ$$

が成り立つことを示す。

①より $a = \dfrac{1}{bc}$ $\cdots$③ ⎫ 1文字 a を消去しようとして
③をⒶの左辺に代入して ⎭ いるんだよね（a を消すと決めたら徹底的に消すよ！）

$$(Ⓐの左辺) = \frac{\dfrac{1}{bc}}{\dfrac{1}{bc} \cdot b + \dfrac{1}{bc} + 1} + \frac{b}{bc+b+1} + \frac{c}{\dfrac{1}{bc} + c + 1}$$

この嫌なものをなくすために bc をかけよう

$$= \frac{\dfrac{1}{bc} \times bc}{\left(\dfrac{1}{c} + \dfrac{1}{bc} + 1\right) \times bc} + \frac{b}{bc+b+1} + \frac{c \times b}{\left(\dfrac{1}{b} + c + 1\right) \times b}$$

分母と分子に同じものをかけるんだぜ！

$$= \frac{1}{b+1+bc} + \frac{b}{bc+b+1} + \frac{bc}{1+bc+b}$$

⎯⎯ 部を $bc+b+1$ と直せば、あっ、通分できてる

$$= \frac{bc+b+1}{bc+b+1}$$ ⇦ 分母がそろったので、分子だけ加えればいいネ！

$$= 1 \quad (q.e.d.)$$

⤷ 証明終わりという意味です

この（解法1）の key をにぎっていたのは

$abc = 1$ …①という等式条件を

$a = \dfrac{1}{bc}$ …③の形に直して

〈等式条件の原則〉

（ⅰ）まず文字消去（文字交換）が基本

に従ったということです。

これは、文字数を減らすことによって、式を簡単な形にし、見通しがきくようにするためです。

いいですね、このことは高校の数学の問題を解いていく上で最も重要で基本的な発想の1つですから、ここで頭にたたきこんでおいてください。

さて、ここまでの説明はどんなに数学が苦手な人でも全員理解できているはずだから、さらに話を進めよう。

何？　もう答えが出せたのだからいいでしょうですって。何をおっしゃるうさぎさん、山本先生はそんなに甘くはないそうな！

もう一度、〈等式条件の原則〉を思い出してください。「（ⅱ）定数の消去に用いる」という言葉があったはず。これを上手に使うと、こんなことが思いつきます。

まず（解法1）を見直してみてください。

$abc = 1$　…①のとき

$$\frac{a}{ab+a+1} + \frac{b}{bc+b+1} + \frac{c}{ca+c+1} = 1 \quad …Ⓐ$$

を示す。

①より　$a = \dfrac{1}{bc}$　…③

これをⒶの左辺に代入すると、

$$(Ⓐの左辺) = \frac{\dfrac{1}{bc}}{\dfrac{1}{bc}\cdot b + \dfrac{1}{bc} + 1} + \frac{b}{bc+b+1} + \frac{c}{c\cdot\dfrac{1}{bc} + c + 1}$$

↓ 代入しても何が起こるかわからない

（計算を続けて）

$$= \frac{1}{b+1+bc} + \frac{b}{bc+b+1} + \frac{bc}{1+bc+b}$$

→ ここで初めて通分できていることに気付く

$$= \frac{bc+b+1}{bc+b+1} = 1 \quad (q.e.d.)$$

という流れでしたね。

　つまり、$a = \dfrac{1}{bc}$　…③を利用して1文字 a を消去するという考え方は、等式条件の基本ではあっても、ずっと計算していかないと、どのような流れになるかはわかりにくい。

→ 代入しても、それが通分に役立つことは気付かずに代入しているということです！

ここで〈解法の原則〉を1つ増やします。

〈式変形の原則〉

式変形をするときは嫌なものに対して
　（ⅰ）嫌なものをなくす
　（ⅱ）嫌なものを移項、分離する
　（ⅲ）嫌なものを無視して考える
　（ⅳ）嫌なものを置き換える
　（ⅴ）式の目標は因数分解が基本

さて、この原則に従ったとき

$$\begin{cases} abc = 1 & \cdots ① \\ \dfrac{a}{ab+a+1} + \dfrac{b}{bc+b+1} + \dfrac{c}{ca+c+1} = 1 & \cdots Ⓐ \end{cases}$$

の式を見て、嫌だと感じるのは何だろう。

「先生、文字が3文字もあるのは嫌だよね！」
　⇨そう、だから（解法1）では
　（ⅰ）嫌なものをなくす　⇨　$a = \dfrac{1}{bc}$　として a を
　消去したのでした。
「先生、ボクは通分が嫌だと感じるんだけど！」
　⇨それも正しいよ！
　だから（解法1）では文字を1文字消去するという
正しい考え方をしたごほうびとして、計算をがんばる
と勝手に通分できる形が見えてきたんだよね。

そこで

〈等式条件の原則〉	〈式変形の原則〉
（ⅰ）文字消去（交換）	（ⅰ）なくす
（ⅱ）定数消去	（ⅱ）移項、分離する
（ⅲ）全体消去	（ⅲ）無視する
（ⅳ）次数下げ	（ⅳ）置き換える
	（ⅴ）因数分解の形へ

の両方を合わせて考えますよ。

$$\begin{cases} abc = 1 & \cdots① \\ \dfrac{a}{ab+a+1} + \dfrac{b}{bc+b+1} + \dfrac{c}{ca+c+1} = 1 & \cdots Ⓐ \end{cases}$$

について、

　①式は等式条件なので<u>定数消去</u>へ

　Ⓐ式は通分が嫌なので、工夫を考える

ことにします。

　ところでⒶは分数式の形ですが、分数で嬉しいこと
は何でしょう。それは

$$\frac{4}{6} = \frac{2}{3}, \quad \frac{a}{ab+a} = \frac{\cancel{a}}{\cancel{a}(b+1)} = \frac{1}{b+1}$$

のように約分ができることです。

202

すると⒜の第1項は

$$\frac{a}{ab+a+1} \Rightarrow 1 \text{ がなければ} \Rightarrow \frac{a}{ab+a} = \frac{1}{b+1}$$

と約分できそうです。つまりこの式で**嫌なものは定数 1**。

というわけで $abc = 1$ …① を定数 1 の消去に用いて

$$(\text{⒜の第 1 項}) = \frac{a}{ab+a+1}$$

$abc = 1$ を用いて 1 を消去！

$$= \frac{a}{ab+a+abc}$$

$$= \frac{a}{a(b+1+bc)}$$

a で約分できた

$$= \frac{1}{bc+b+1}$$

おお〜っ、⒜の第2項の分母と同じに
→ することができたゾ！　ということは
$abc = 1$ …① を定数消去に用いると、
分母の通分に役立つのか
⇩
ならば⒜の第3項も分母を
$bc+b+1$ にできるのではないかな！

$$(\text{⒜の第 3 項}) = \frac{c}{ca+c+1} = \frac{c}{ca+c+abc}$$

$$= \frac{c}{c(a+1+ab)} = \frac{1}{ab+a+1}$$

↳ おやっ、予想と違う。でも…

$$= \frac{abc}{ab+a+abc} = \frac{\cancel{a}bc}{\cancel{a}(b+1+bc)}$$

$$= \frac{bc}{bc+b+1}$$

↳ おお〜っ、またしても分母は
$bc+b+1$ にできた…

これを（解法2）としてきちんと解答を作りますね。

（解法2）

$abc = 1$ …①だから⇨ 1は abc と書いてもいいはずと考えて

（Ⓐの左辺）$= \dfrac{a}{ab+a+1} + \dfrac{b}{bc+b+1} + \dfrac{c}{ca+c+1}$ …④

↑ まずはこの 1 を abc に直してみます。
そして第1式の次の変形で様子を
みて、第2項や第3項をどうするか
考えようか

$= \dfrac{a}{ab+a+abc} + \dfrac{b}{bc+b+1} + \dfrac{c}{ca+c+1}$

$= \dfrac{1}{b+1+bc} + \dfrac{b}{bc+b+1} + \dfrac{c}{ca+c+1}$

アッ、通分できてる！
だから第2項は何もしないで第3項の 1 を
abc に直そう！

$= \dfrac{1}{bc+b+1} + \dfrac{b}{bc+b+1} + \dfrac{c}{ca+c+abc}$

$= \dfrac{1}{bc+b+1} + \dfrac{b}{bc+b+1} + \dfrac{1}{a+1+ab}$

残念！　分母がそろわなかった。
しかし、ここでくじけてはいけない！

$= \dfrac{1}{bc+b+1} + \dfrac{b}{bc+b+1} + \dfrac{abc}{a+abc+ab}$

$= \dfrac{1}{bc+b+1} + \dfrac{b}{bc+b+1} + \dfrac{bc}{1+bc+b}$

↑
通分できたゾ！

$= \dfrac{bc+b+1}{bc+b+1}$

$= 1$　　$(q.e.d.)$

（解法２）の key は、$abc = 1$　…①という条件を用いて、分母の形を変えようと<u>意図して</u>変形していることです。これは明らかに（解法１）の「やってみなければ、どうなるかわからない」状態とは違いますね。

ただ気をつけてほしいのは、

$$\frac{a}{ab+a+1} + \frac{b}{bc+b+1} + \frac{c}{ca+c+1} = 1 \quad \text{…Ⓐ}$$

の左辺に対して、

$abc = 1$　…①を用いて　<u>１をすべて abc に直す</u>

なんていう単純な発想はしていませんね！

このように、高校の数学の式変形は、**１つずつ慎重に様子を見ながら変形する姿勢**を学んで下さい。

ところで

〈等式条件の原則〉（ⅲ）**全体消去に用いる**

というのはどういうことなのだろうか、と気にしてくれている人もいるはずですね。

これは $abc = 1$　…①という等式条件を用いて、

式変形の中に abc を作り出してはそれを１に直す

ということなんです。

それを具体的に（解法３）で実践してみますよ！

(解法3)

$abc = 1$　…①だから（Ⓐ式の中に意図的に abc を作り出すと）

$$（Ⓐの左辺）= \frac{a \times bc}{\underbrace{(ab+a+1) \times bc}} + \frac{b}{bc+b+1} + \frac{c}{ca+c+1}$$

┗→ まず第1項で様子を見てみようか！

$$= \frac{abc}{\underbrace{ab \cdot bc} + abc + bc} + \frac{b}{bc+b+1} + \frac{c}{ca+c+1}$$

┗→ $abc=1$ だからここは b になるネ

$$= \frac{1}{\underbrace{b+1+bc}} + \frac{b}{\underbrace{bc+b+1}} + \frac{c}{ca+c+1}$$

通分できる。あとは第3項だが……

$$= \frac{1}{bc+b+1} + \frac{b}{bc+b+1} + \frac{c \cdot b}{(ca+c+1) \cdot b}$$

┗→第1項のように
ここでは ab を
かけたいところ
だが、何として
も分母を通分し
たい。そのため
には何をかけた
らいいか、じっ
くり考えて→b！

$$= \frac{1}{bc+b+1} + \frac{b}{bc+b+1} + \frac{bc}{1+bc+b}$$

（やったね！　見事に $bc+b+1$ で通分できた）

$$= \frac{bc+b+1}{bc+b+1}$$

$$= 1 \quad (q.e.d.)$$

どうでしたか。

「数学の問題を解くときの原則を大切にする」…Ⓐ
の魅力がちゃんと伝わったでしょうか。

この本を読んで下さっている高校生の皆さんの中
で、定期テストの成績が思わしくないとか、大学受験
の数学の勉強の仕方がわからないという人は、たいて
いの場合、原則を無視して、

高校の数学＝公式の暗記と単なる数式の計算
になっています。

特に大学受験数学の勉強の第一歩は「解法の原則」
を一つ一つ押さえていくことです。

今、山本の数学教室には、京都大学の文系を目指す
2人の浪人生がいるのですが、そのうちの1人は現役
のときは私立文系を志望していたので、数学はほとん
ど未習に近いのに、わずか2か月で偏差値が50以上
に到達しました。たぶんあと2か月ぐらいで偏差値
60に届くのではないかと思います。

彼がどんどん伸びているのは

「数学の問題を解くときの原則を大切にする」…Ⓐ
という勉強の姿勢がしっかりと身についているからで
す。

渡辺先生が教えておられたときは、

「原則の数はせいぜい34個だよ」

というのが口癖でした。この原則の数は教える先生によって違うのですが、山本は原則の数を48個として生徒の皆さんにお話をしています。

　数学が苦手な人はぜひ、
　　「**解法の原則**」＝問題を解くための**基本的発想**
　を意識して勉強することを実践してみてください。

第2章
発想の柔らかさをもった山本矩一郎先生

1. 洗練されたエレガントな解法

　高校の数学が得意という人と一緒にいると、数学雑誌「大学への数学」の話になったことがある人もいるのではないでしょうか。

　「大学への数学」という雑誌は東京出版という出版社から、数学が得意な高校生や大学受験生向けに出されている月刊誌なのですが、この雑誌の元編集長が山本矩一郎先生です。

　編集長をお辞めになってからは、代々木ゼミナールの数学の講師として、数学が得意な生徒を中心に絶大な人気を博しておられました。

　矩一郎先生の魅力はなんといっても
　　　「洗練されたエレガントな解法」
です。先生の手にかかるとどんな数学の難問でも、まるで魔法のように簡単な解法で解かれてしまうのです

が、その着眼点の素晴らしさは、「大学への数学」の解説の中でも群を抜いていました。

　山本が大学受験するときもこの「大学への数学」を読んでいたのですが、山本矩一郎先生の解説と石沢敬先生の解説がとても好きで、あるとき矩一郎先生に、「石沢敬先生の解説すごいですよね。どんな方なんですか」とお尋ねしたら、にっこり笑われて「解説よかった？　あれ僕なんだよね。全部山本矩一郎で解説書くと、誌面が半分以上僕で埋まっちゃうから、石沢敬のペンネームも使ったんだよ」と言われたときはほんとうにびっくりしました。

　山本が矩一郎先生の解説で特に好きだったのは、「ベクトル」「確率」「微積分」の単元です。なかでも積分計算で使われる「瞬間部分積分」というテクニックは、今ではほとんど誰も使わないものですが、山本は代ゼミの基礎クラスの授業でも使って見せるようにしています。

　基礎クラスですから数学は苦手な人が多いのですが、このテクニックを見せてあげると、生徒の皆さんだけでなく、全国の塾や高校でサテライン（映像配信授業）をご覧になった高校の先生方からも、「これほど簡単に積分計算ができるなんて感動です」とたくさんのメールをいただくことがあります。

2. 論理はあと、発見が先

　矩一郎先生の数学は一言で言うと

　　「自由な発想と工夫の宝庫」

です。以前矩一郎先生に数学の信条をお尋ねしたら

　　「論理はあと、発見が先」

と言われましたが、なるほど、難問をいとも簡単な解法で処理する基本は「発見」なのだと納得しました。

　矩一郎先生の解法の魅力は、易しい問題ではうまく伝わらないのですが、この本ではあえて入試の基本問題を題材にして、

　　「矩一郎先生の着眼点と、発見の楽しさ」

をお伝えしたいと思います。

問題2-1

$x = \dfrac{\sqrt{5} - \sqrt{3}}{\sqrt{5} + \sqrt{3}}$ のとき $x^3 - 8x^2 + 16x$ の値を求めよ。

（大東文化大）

　高校と中学の数学には大きな違いがいくつもあるとお話ししましたが、問題1が「多くの文字を含む式を扱う」ことであったのに対し、問題2-1で扱われている文字は x だけですね。

問題 2-1 のように式の値を求める問題は、一見誰でもできそうな気がするものです。でもそんな易しい問いの中に、数学の式変形を工夫するさまざまな発想が盛り込まれています。

　中学の数学が単なる計算の連続であるのに対し、高校の数学は、問題 1 同様、**「式変形を工夫する発想」**がとても大切です。

　式の値を求める問題は、私大の医学部の小問にもよく出題されますが、多くの場合、まともに計算するとものすごい計算になり、限られた試験時間をどんどん奪われることになります。

　上の問題も中学 3 年生までの知識しか必要としませんので、ぜひ実際に解いてみてください。式変形の扱いになれた大学受験生なら多分 90 秒以内に解いてしまいますよ！

　自分で手を動かしてみると、とても 90 秒で計算するなど不可能のような気がしますね。ここからは山本矩一郎先生の「自由な発想」「論理はあと、発見が先」とはどういうことかを、山本の口調で解説してみます。

$$x = \frac{\sqrt{5} - \sqrt{3}}{\sqrt{5} + \sqrt{3}} \quad \cdots ①$$

また求める式を

$$P = x^3 - 8x^2 + 16x \quad \cdots ②$$

とおいてみよう。

　まず何をしようと思ったかな。

　もちろん、x の値がわかっているのだから、そのまま代入して

$$P = \left(\frac{\sqrt{5} - \sqrt{3}}{\sqrt{5} + \sqrt{3}}\right)^3 - 8\left(\frac{\sqrt{5} - \sqrt{3}}{\sqrt{5} + \sqrt{3}}\right)^2 + 16\left(\frac{\sqrt{5} - \sqrt{3}}{\sqrt{5} + \sqrt{3}}\right) \quad \cdots ③$$

をひたすら計算していくと、計算ミスをしなければ正しい答えにたどり着くことはできるだろう。

　でもそれなら中学3年生でもできるし、とても大学受験生の方針とはいいがたい。

　問題1を経験した皆さんであれば、

　〈等式条件の原則〉　と　〈式変形の原則〉

の話は覚えているよね。

　①式は明らかに等式条件だ。これを上手に用いて②式の計算をしたいわけだ。

　それをしっかり思い出してみると（つまり渡辺先生の〈解法の原則〉に基づいてみると）

〈等式条件の原則〉
（ⅰ）文字消去（交換）が基本
（ⅱ）定数消去
（ⅲ）全体消去
（ⅳ）次数下げ

与えられた問題文を見たときに、「〜のとき」という等式の条件式に、必ず目が止まるように訓練することが大切なんだよ！

と

〈式変形の原則〉

嫌な部分に対して

（ⅰ）なくす

（ⅱ）移項、分離する

（ⅲ）無視する

（ⅳ）置き換える

（ⅴ）因数分解の形へ

与えられた問題文に対し、常に何が嫌かを考えられるようにすると方針が見えてくるよ！

でしたね。すると

$$x = \frac{\sqrt{5} - \sqrt{3}}{\sqrt{5} + \sqrt{3}} \quad \cdots①のとき$$

$$P = x^3 - 8x^2 + 16x \quad \cdots②の値$$

を見たときの正しい感じ方は、

$$x = \frac{\sqrt{5} - \sqrt{3}}{\sqrt{5} + \sqrt{3}} \quad \cdots①$$

の等式条件をどう使うのだろう、また①式と②式で嫌だと思う部分はどこだろう……、と感じられることです。

〈等式条件の原則〉（ⅰ）文字消去が基本に従えば、

$$x = \frac{\sqrt{5} - \sqrt{3}}{\sqrt{5} + \sqrt{3}} \quad \cdots①$$

$$P = x^3 - 8x^2 + 16x \quad \cdots②$$

について、①式をそのまま②式に代入して

$$P = \left(\frac{\sqrt{5}-\sqrt{3}}{\sqrt{5}+\sqrt{3}}\right)^3 - 8\left(\frac{\sqrt{5}-\sqrt{3}}{\sqrt{5}+\sqrt{3}}\right)^2 + 16\left(\frac{\sqrt{5}-\sqrt{3}}{\sqrt{5}+\sqrt{3}}\right) \quad \cdots ③$$

を計算することになり、これは方針が違うだろう。

　待てよ、〈式変形の原則〉に従えば

$$x = \frac{\sqrt{5}-\sqrt{3}}{\sqrt{5}+\sqrt{3}} \quad \cdots ① で嫌なのは分数の形と \sqrt{} の部分$$

$$P = x^3 - 8x^2 + 16x \quad \cdots ② で嫌なのは x^3 か\cdots\cdots 。$$

となれば、①式はこのまま使うのではなくて、式の形を変える必要があるな。

（工夫）$x = \dfrac{\sqrt{5}-\sqrt{3}}{\sqrt{5}+\sqrt{3}}$　⇐このまま代入すると苦しいのだから、もう少し簡単にならないだろうか

$$= \frac{(\sqrt{5}-\sqrt{3})(\sqrt{5}-\sqrt{3})}{(\sqrt{5}+\sqrt{3})(\sqrt{5}-\sqrt{3})} \quad ⇐有理化したんだよ$$

　有理化では、分母が $\sqrt{}+\sqrt{}$ の形のときは分母と分子に $\sqrt{}-\sqrt{}$ の形の式をかけるのだった！

$$= \frac{(\sqrt{5}-\sqrt{3})^2}{2}$$

$$= \frac{5-2\sqrt{5}\cdot\sqrt{3}+3}{2} \quad \Big\} 2乗の計算をした$$

$$= 4 - \sqrt{15} \quad \cdots ①'$$

　なるほど、$x = 4-\sqrt{15}$　$\cdots ①'$ 式を②式に代入すれば

$$P = (4-\sqrt{15})^3 - 8(4-\sqrt{15})^2 + 16(4-\sqrt{15}) \quad \cdots ③'$$

となり、③式と比べるとずいぶん楽になった。

でも大学入試（大東文化大）がキミやあなたに要求
しているのは、さらに工夫する皆さんの知恵です。

　もう一度、問題文を見てみますよ。

$$x = \frac{\sqrt{5} - \sqrt{3}}{\sqrt{5} + \sqrt{3}} \Leftrightarrow x = 4 - \sqrt{15} \quad \cdots ①' \text{ のとき}$$

$$P = x^3 - 8x^2 + 16x \quad \cdots ② を求めよ。$$

というのだから、等式条件①'の扱いがkeyをにぎっ
ているに違いない。

　②式で何が嫌かといわれれば、もちろん $\underline{x^3}$ の部分
ですから、

└→次数が
　高い

〈等式条件の原則〉（ⅳ）次数下げ

が有効そうだと気がつきます。

　（工夫）①'について

$$x - 4 = -\sqrt{15} \quad \Leftarrow \text{まず}\sqrt{}\text{を右辺に分離した}$$

$$(x - 4)^2 = 15 \quad \Leftarrow \text{両辺を2乗して}\sqrt{}\text{をなくしたのです}$$

$$\therefore x^2 - 8x + 1 = 0 \quad \cdots ①''$$

　として①''を②式の次数下げに使うことはで
　きないだろうか。

　さあ、ここまでをHintに、まずは渡辺先生の原則
に従って解法を考えると、次のようになります。

（解法1）

$$x = \frac{\sqrt{5} - \sqrt{3}}{\sqrt{5} + \sqrt{3}} \qquad \cdots ①のとき$$

$$P = x^3 - 8x^2 + 16x \quad \cdots ②$$

の値を求める。

①より $x = \dfrac{(\sqrt{5} - \sqrt{3})^2}{(\sqrt{5} + \sqrt{3})(\sqrt{5} - \sqrt{3})}$ ⇦有理化の計算は
①′を導くためです！

$$= 4 - \sqrt{15} \quad \cdots ①'$$

さらに①′を変形して

$$x = 4 - \sqrt{15}$$

両辺を2乗して整理すると

$$x^2 - 8x + 1 = 0 \quad \cdots ①''$$

｝ここは前ページの
①″を導く部分ですね

①″を

$$x^2 = 8x - 1$$ ⇦この形から、x^2 をみたら $8x-1$ に直すのです！

とみて用いると、②式は

$$P = x^3 - 8x^2 + 16x$$

$$= x \cdot x^2 - 8x^2 + 16x$$ ｝x^2 をすべて $8x-1$ に
直していく！

$$= x(8x - 1) - 8(8x - 1) + 16x$$

$$= 8x^2 - 49x + 8$$

$$= 8(8x - 1) - 49x + 8$$

$$= 15x \quad \cdots ④$$ ⇦Pの式は3次式だったけど、
①″を上手に使って1次式に
次数下げすることができた！

$$= 15(4 - \sqrt{15}) \quad \cdots \boxed{答}$$ ⇦$x = 4 - \sqrt{15}$ を代入して
x を消去した

このように

　②式の次数が高い⇨等式条件①′を用いて次数下げ

という意識の流れが渡辺先生の真骨頂でした。

　さてここからは原則から少し離れて、山本矩一郎先生の「自由な発想」「発見が先」を実践してみます。式変形のおもしろさにぜひご注目ください！

$$x = \frac{\sqrt{5}-\sqrt{3}}{\sqrt{5}+\sqrt{3}} \iff x = 4-\sqrt{15} \quad \cdots ①′ \text{ のとき}$$

$$P = x^3 - 8x^2 + 16x \quad \cdots ② \text{を求めよ。}$$

（解法2）

　　①′より $(x-4)^2 = (-\sqrt{15})^2$ 　∴ $x^2 - 8x + 1 = 0$ 　…①″

　　①″$\iff x^2 - 8x = -1$

として、$\underline{x^2-8x \text{ を見たら} -1 \text{ に直すことを考える}}$と

　　$P = x^3 - 8x^2 + 16x$

|← 等式条件の原則（ⅲ）全体消去
　　　　に対応しますね

　　　$= x(x^2-8x) + 16x$

　　　$= x \cdot (-1) + 16x$

　　　$= 15x$ ⇦なんと一瞬で④式が出た

　　　$= 15(4-\sqrt{15})$ 　… 答

　なるほど、Pの式は $x^2-8x = -1$ が使いやすい形で問題が作ってあったんだね。

　ならば、$x^2-8x+1 = 0$ 　…①″をさらに工夫して使ってみよう。

（解法3）

$x^2 - 8x + 1 = 0$　…①″

をそのまま利用してみよう。 } ⇦これも（ⅲ）全体消去に対応しますね！

$P = x^3 - 8x^2 + 16x$

$= x^3 - 8x^2 + \underline{x + 15x}$

↳ $16x$ を意識的に x と $15x$ に分けたんだ。どうしてかというと…

$= x(x^2 - 8x + 1) + 15x$　} $x^2 - 8x + 1$ を作って、0に直すことができるからです！うまいなあ‼

$= x \cdot 0 + 15x$

$= 15x$

$= 15(4 - \sqrt{15})$　…答

　山本矩一郎先生の「自由な発想と工夫」はさらに続きます。

$x = 4 - \sqrt{15}$　…①′ を生かすとこんな考え方も……。

（解法4）

①′ ⇔ $x - 4 = -\sqrt{15}$

のようにみると $x - 4$ の使い方が見えてくる……。

$P = x^3 - 8x^2 + 16x$

$= x(x^2 - 8x + 16)$　⇦式変形の原則（ⅴ）因数分解の利用に対応しますね！

$= x(x - 4)^2$　} $x - 4 = -\sqrt{15}$ が使えた。これもうまい‼

$= x(-\sqrt{15})^2$

$= 15x$

$= 15(4 - \sqrt{15})$　…答

なるほど、確かに問題2-1は、上手に変形すれば90秒程度でも解ける良問でした。

　それにしても大東文化大の出題者は、なかなか奥深いHintをちりばめていましたね。

　せっかく「自由な発想」「発見が先」の山本矩一郎先生の視点を学んだので、練習してみましょう。

　いろいろな考え方をして、頭を柔らかくしてください！

> **問題2-2**
>
> $x^2 + 2x + 2 = 0$ のとき
> $(x^3 + 2x^2 - x - 3)^2$ の値を求めよ。　　　　（日本大一農獣医）

（解法1）⇦ 次数下げを考えます。

$$x^2 + 2x + 2 = 0 \qquad \cdots ①$$
$$\mathrm{P} = (x^3 + 2x^2 - x - 3)^2 \quad \cdots ②$$

とします。

　① ⇔ $x^2 = -2x - 2$ … ①′ を次数下げに用います。

　②の（　）内の計算をすると $\left(\begin{array}{l} x^2 \text{を見て} -2x-2 \text{に} \\ \text{直していく} \end{array} \right)$

$$
\begin{aligned}
x^3 + 2x^2 - x - 3 &= x \cdot x^2 + 2x^2 - x - 3 \\
&= x(-2x - 2) + 2(-2x - 2) - x - 3 \\
&= -2x^2 - 7x - 7 \\
&= -2(-2x - 2) - 7x - 7 \\
&= -3x - 3
\end{aligned}
$$

220

このとき、②より

$P = (-3x-3)^2 = 9x^2 + 18x + 9$

$\quad = 9(-2x-2) + 18x + 9$

$\quad = -9 \quad \cdots$ 答

(解法2)　⇦ $x^2 + 2x + 2 = 0$ …①の形を作っていく

$x^3 + 2x^2 \underset{\sim}{- x} - 3 = x^3 + 2x^2 + \underline{2x - 3}\underline{x - 3}$ → 分ける

$\qquad\qquad\qquad = x(x^2 + 2x + 2) - 3x - 3$

$\qquad\qquad\qquad = x \cdot 0 - 3x - 3$

$\qquad\qquad\qquad = -3x - 3$

$P = (-3x-3)^2 = 9(x+1)^2$

$\quad = 9(x^2 + 2x + 1) = 9\underline{(x^2 + 2x + 2 - 1)} = -9 \quad \cdots$ 答
　　　　　　　　　　　　└→ 0です

(解法3)　⇦ ①を $(x+1)^2 = -1$ として使う

$x^3 + 2x^2 \underset{\sim}{- x} - 3 = x^3 + 2x^2 + \underline{x - 2x - 3}$ → $-x$ を意識的に $x - 2x$ に分けた

$\qquad\qquad\qquad = x(x^2 + 2x + 1) - 2x - 3$

$\qquad\qquad\qquad = x(x+1)^2 - 2x - 3$

$\qquad\qquad\qquad = x(-1) - 2x - 3$

$\qquad\qquad\qquad = -3x - 3$

$P = (-3x-3)^2 = 9(x+1)^2$

$\quad = 9 \cdot (-1) = -9 \quad \cdots$ 答

問題1と同様に、式変形は1行1行に意図があることがわかってもらえたでしょうか。

　大学入試の出題者も、高校の定期テストを作る先生たちも、ただ問題を出しているわけではないんですね。このような式の値を求める単純な問題の中にも、キミやあなたのきらめく才能を見出す工夫をしてくれているんです。

　だからこそ、試験会場や教室で、問題の意図を見事見抜いて、出題者を感心させることができたら……。何か高校数学の勉強がとても楽しくなってきませんか！

　山本矩一郎先生の発想の柔らかさと発見の楽しさ、皆さんに上手に伝わったでしょうか。

　高校数学の勉強の仕方の基本は「解法の原則」を身につけることですが、それだけですべての問題が解けるようになるわけでもありませんし、「解法の原則」が万人に向いているわけでもありません。

　矩一郎先生は原則的な考えは必要最小限にして、問題の本質をつかんだり、易しい問題で考えなおしたりして、発見や工夫をすることで数学を極めた先生でし

た。

　この本を読んで下さっている方も、考え方や生き方はさまざまです。けれども数学が得意になりたいと思うなら、自分が感動する数学の先生を見つけて、その人の真似から入るのも大切なことです。

　それは大谷翔平さんにあこがれてフォームを真似たり、イチローさんの打撃技術に惹かれて日々努力したりする子供たちと同じなのです。

第3章
完璧な板書と解説だった根岸世雄先生

1. 最も効果的な数学勉強法とは

　山本が受験生だったころ、駿台の数学の先生方のなかで3Nと呼ばれる3人の人気講師がおられました。

　個性が全く違う先生方でしたが、その中の1人である根岸世雄先生は、どのレベルの生徒からも慕われる先生で、きれいで完璧な板書と、全く疑問の余地がない解法、さらにオーソドックスな解法から発展させたさまざまな方針、視点を変えた解答など、すべてにおいて完璧な授業をされる方でした。

　根岸先生の授業の魅力は

　　　「原則に基づく解法と発想の転換」
　　　「問題の分析と的確な解法のパターン化」
が巧みなことです。受験数学の勉強法は

　　原則の徹底➡解法のパターン化➡発想の転換
の順序が最も効果的であるというのが持論でもありま

した。

　今回は、そんな根岸先生の考え方を入試の基礎問題を用いて体験することで、皆さんに

　「数学の問題を考えるというのはこういうことか」

というのを実感してもらえたら……と思います。

問題3

(A) $y+\dfrac{1}{z}=1$, $z+\dfrac{1}{x}=1$ のとき　$x+\dfrac{1}{y}=1$ を示せ。

(B) $a^2-bc=2$, $b^2-ca=2$ のとき　$c^2-ab=2$ を示せ。
　　ただし $a\ne b$ とする。

　高校数学と中学数学の大きな違いの1つは、「多くの文字を含む式を扱う」ことだとお話ししましたね。

　問題3の(A)と(B)はいずれも

(A) x, y, z の3文字で、等式条件の式は2つ

(B) a, b, c の3文字で、等式条件の式は2つ

ですから、分数式と整式の違いはあるにしても、出題の形式はよく似ています。

　けれども実際にこの2問を皆さんに解いてもらうと、(A)が解ける高校1年生は多いのですが、(B)が解ける人は、大学受験生でもかなり少ないのです。

　高校の数学ではこのように同じようなタイプの問題に見えても、解法の本質が違うことがよくあります。つまり高校数学と中学数学の違いの3つめは、**「解法**

パターンの違いを整理すること」なんです。

　まず（A）と（B）を解いてみてください。そして以下の解説を読みながら、山本が皆さんに何を伝えたいかを想像できれば最高です。

> （A）$y + \dfrac{1}{z} = 1$, $z + \dfrac{1}{x} = 1$ のとき　$x + \dfrac{1}{y} = 1$ を示せ。

$$y + \frac{1}{z} = 1 \quad \cdots ①$$

$$z + \frac{1}{x} = 1 \quad \cdots ②$$

$$x + \frac{1}{y} = 1 \quad \cdots Ⓐ$$

とします。

　2つの等式条件①、②を用いてⒶの関係を証明せよということですね。

〈等式条件の原則〉（ⅰ）文字消去が基本

に従うと、

$$① \Leftrightarrow y = 1 - \frac{1}{z} \quad \cdots ①'$$

$$② \Leftrightarrow \frac{1}{x} = 1 - z \quad \therefore x = \frac{1}{1-z} \quad \cdots ②'$$

のように変形して、①′、②′をⒶの左辺に代入して計算すれば、多分1になるのだろうと予想がつきます。

　このように等式条件が2つあれば、2文字を消去す

ることができます。なので（A）は渡辺先生の〈解法の原則〉が有効な武器になりますよね。まずはこの方針で（解法1）を考えてみましょう。

（解法1）

$$\begin{cases} y + \dfrac{1}{z} = 1 & \cdots ① \\[2mm] z + \dfrac{1}{x} = 1 & \cdots ② \end{cases} \quad \text{のとき、} \ x + \dfrac{1}{y} = 1 \quad \cdots Ⓐ$$

を示す。

まず①より $y = 1 - \dfrac{1}{z} = \dfrac{z-1}{z}$ $\cdots①'$　⇐Ⓐの左辺にある y の値を①から求めた

次に②より $\dfrac{1}{x} = 1 - z$

$\therefore \ x = \dfrac{1}{1-z}$ $\cdots②'$　⇐Ⓐの左辺にある x の値を②から求めた

これらをⒶの左辺に代入すると

$$(Ⓐの左辺) = x + \dfrac{1}{y}$$

$$= \dfrac{1}{1-z} + \dfrac{1}{\dfrac{z-1}{z}}$$

$$= \dfrac{1}{1-z} + \dfrac{1 \times z}{\dfrac{z-1}{z} \times z}$$　⇐分母・分子に同じ数をかけても約分すれば元に戻るからOK！

$$= \dfrac{1}{1-z} + \dfrac{z}{z-1}$$

$$= \underbrace{\dfrac{1}{1-z} + \dfrac{-z}{1-z}}_{通分できた} = \dfrac{1-z}{1-z} = 1 \quad (q.e.d.)$$

2. 発想の転換

　渡辺先生が「解法の原則」を重視
　矩一郎先生が「自由な発想と工夫」「発見が先」
という解法スタンスであったのに対し
　根岸先生は「発想の転換」「パターンの整理」
に抜きんでた解法が特徴でした。

　実際に（A）の問題で、根岸先生の**「発想の転換」**
をちょっとだけ経験してみましょう。

$$\begin{cases} y + \dfrac{1}{z} = 1 & \cdots ① \\[2mm] z + \dfrac{1}{x} = 1 & \cdots ② \end{cases}$$

を用いて $x + \dfrac{1}{y} = 1$ 　…Ⓐを示したいのでした。

　確かに前ページの（解法1）のように、①式、②式か
ら x と y を求めてⒶの左辺に代入し、x と y を消去す
ればうまく解けましたが、ここで視点を変えて

$$\begin{cases} y + \dfrac{1}{z} = 1 & \cdots ① \\[2mm] z + \dfrac{1}{x} = 1 & \cdots ② \end{cases} \Rightarrow x + \dfrac{1}{y} = 1 \quad \cdots Ⓐ$$

の式をながめて見てください。

①式、②式と④式に使われている文字に着目すると、

$$\begin{cases} y + \dfrac{1}{z} = 1 & \cdots ① \\[2mm] z + \dfrac{1}{x} = 1 & \cdots ② \end{cases} \Rightarrow \quad x + \dfrac{1}{y} = 1 \quad \cdots ④$$

↳こちらには $x,\ y,\ z$ の
　3文字の情報が
　書かれている

↳こちらの証明したい式には
　$x,\ y$ の2文字の情報しかない
　　　⇩（z が消えている）
ということは①、②から
z を消去すれば
④が導けるのではないか！

と気付きます。つまり消去する文字の「発想の転換」なんですね。すると（解法2）のようなセンスの良い解法を作ることができます。

（解法2）

$$\begin{cases} y + \dfrac{1}{z} = 1 & \cdots ① \\[2mm] z + \dfrac{1}{x} = 1 & \cdots ② \end{cases}$$

を用いて $x + \dfrac{1}{y} = 1$ 　…④を示したい。

①より $\dfrac{1}{z} = 1 - y$ ∴ $z = \dfrac{1}{1-y}$ …①″

①″ を②に代入して z を消去すると
$$\dfrac{1}{1-y} + \dfrac{1}{x} = 1 \quad \cdots ③$$

両辺に $x(1-y)$ をかけて ⇐③の分母をなくすため！

$$x+(1-y)=x(1-y)$$

$$\cancel{x}+1-y=\cancel{x}-xy$$

$$xy+1-y=0 \quad \cdots④$$

　　↳ おや、確かに予定通り x と y だけの関係式が
　　　出てきたが、これは証明したい式

$$x+\frac{1}{y}=1 \quad \cdots Ⓐ$$

とは違うではないか！
そうですね、だから④をⒶに近づけることを
考えればいい！

④を変形して

$$xy+1=y \quad \therefore \quad x+\frac{1}{y}=1 \quad (q.e.d.)$$

　　両辺を y で割ってやれば
　　ほらっ、Ⓐが現れた！

（解法1）と（解法2）を比べてみると

（解法1）が等式条件を原則に従って文字消去に
使い、Ⓐの左辺に必要な x と y を求めたのに対し
て、
（解法2）は①、②に存在する文字とⒶに存在する
文字の違いに注目して、①、②からⒶを導き出した

という違いがありますね。

今度は問題3の（B）を考えてみましょう。

$$\begin{cases} a^2 - bc = 2 & \cdots ⑤ \\ b^2 - ca = 2 & \cdots ⑥ \end{cases} \quad \text{のとき} \quad c^2 - ab = 2 \quad \cdots ⑧ を示せ。$$
ただし $a \neq b$ とする。

という問題ですが、見た目は(A)と同じで、等式条件が2つ与えられて、証明したい式が1つになっていますが、問題(A)が

$$y + \frac{1}{z} = 1 \quad \cdots ① より \quad y = \square$$
$$z + \frac{1}{x} = 1 \quad \cdots ② より \quad x = \boxed{}$$

だから

$$(⑧の左辺) = x + \frac{1}{y} = \boxed{} + \frac{1}{\square} = \cdots\cdots$$

と計算できたのに対し、

　問題(B)の条件⑤、⑥は共に2次式であり、⑤,⑥を変形して

$$a = \square \ , \ b = \boxed{}$$

の形にもっていくのは、問題(A)ほど単純ではありません。

　また根岸先生の「発想の転換」を用いてみても

$$\begin{cases} a^2 - bc = 2 & \cdots ⑤ \\ b^2 - ca = 2 & \cdots ⑥ \end{cases} \Rightarrow \boxed{c^2 - ab = 2 \quad \cdots ⑧}$$
　└→ 3文字の情報　　　　　└→ こちらも3文字の情報

になっていますから、問題(A)のようにどの文字が消去されているかがわかる形ではないのです。

　高校数学ではこのように、出題の形式が同じであっても、同じ解法が使えないということがしばしば起こります。そこで発想を少し広げてみます。

$$a^2 - bc = 2 \quad \cdots ⑤$$
$$b^2 - ca = 2 \quad \cdots ⑥$$
のとき $c^2 - ab = 2 \quad \cdots ⑧$を示す

に対し、等式条件⑤、⑥を

$$a = \square, \ b = \diagdown$$

の形にするのはあきらめます。

　でも⑤と⑥を使わないと⑧が示されないのだから、⑤と⑥をうまく利用して、<u>もっと使いやすい式が作り出せないか</u>、と考えてみましょう。

　つまりこうやってみるのです。⑤、⑥より

$$\begin{array}{r} a^2 - bc = 2 \quad \cdots ⑤ \\ -\ )\ b^2 - ca = 2 \quad \cdots ⑥ \\ \hline a^2 - b^2 - bc + ca = 0 \quad \cdots ⑦ \end{array}$$

← 数学ではよく似た式の差をとるのは鉄則の1つです！

　⑦を変形して $(a-b)(a+b) + c(a-b) = 0$

$$(a-b)\{(a+b) + c\} = 0$$

↑ おっ、因数分解が見えてきた……。

$$(a-b)(a+b+c) = 0 \quad \cdots ⑧$$

ここで問題文に $a \neq b$ とありますから $a - b \neq 0$。

よって⑧より $a+b+c = 0 \quad \cdots ⑨$という、⑤、⑥より

かんたんな条件が作り出せたというわけ。

この勉強からキミやあなたは〈等式条件の原則〉に新しい「数学的思考力」を身につけました。つまり

〈等式条件の原則〉
（ｉ）文字消去（交換）が基本
　　└→(イ) 等式条件が１つ → 文字消去へ

　　　　(ロ) 等式条件が２つ ＜ ２文字が消去できる
　　　　　　　　　　　　　　　　新しい条件式を導く
（ⅱ）定数消去
（ⅲ）全体消去
（ⅳ）次数下げ

ですね。

根岸先生はこのように

　　原則に基づいた解法をさらに分析して、
　　より的確に解法をパターン化する姿勢

を受験勉強の基本的態度として、常に授業で実践されていましたが、これは山本も入試数学を攻略するための最善の勉強法だと思います。

さて問題の解答に話を戻しましょう。

前ページの考察から、次のような解法を作ることができます。

（解法1）

$$\begin{cases} a^2 - bc = 2 & \cdots ⑤ \\ b^2 - ca = 2 & \cdots ⑥ \end{cases} \quad のとき \quad c^2 - ab = 2 \quad \cdots Ⓑを示す。$$

ただし $a \neq b$ とする。

まず⑤－⑥を作ると

$$\begin{array}{r} a^2 - bc = 2 \\ -\underline{)\; b^2 - ca = 2} \\ a^2 - b^2 - bc + ca = 0 \quad \cdots ⑦ \end{array}$$

⑦より

$$(a+b)(a-b) + c(a-b) = 0$$

$\therefore \;\; (a-b)(a+b+c) = 0 \quad \cdots ⑧$

ここで $a \neq b$ より $\underwave{a+b+c=0} \;\; \cdots ⑨$ がいえる。

┗→ これで、よりかんたんな等式条件
　　ができたのでまず1文字消去を
　　考えます！

⑨より $\;\; c = -(a+b) \;\; \cdots ⑨'$

これをⒷの左辺に用いて c を消去すると

（Ⓑの左辺）$= (a+b)^2 - ab$

$\qquad = \underwave{a^2 + ab + b^2} \quad \cdots (＊)$

┗→ おや、この式の値は2になるはずなのに
　　このままではどうしようもない！
　　コマッタゾ!!

大丈夫、困る必要はありません。
数学では中途半端な消去をすると失敗することが多い！
ここは⑨′を用いて c 消去しようと決めたのだから、⑤式や
⑥式の c も徹底的に消去します!!

234

また、⑨′を⑤に用いて c を消去すると

$$a^2 - bc = 2 \Leftrightarrow a^2 + b(a+b) = 2$$
$$\Leftrightarrow a^2 + ab + b^2 = 2 \quad \cdots ⑤′$$

同様に、⑨′を⑥に用いて c を消去すると

$$b^2 - ca = 2 \Leftrightarrow b^2 + (a+b)a = 2$$
$$\Leftrightarrow b^2 + ab + a^2 = 2 \quad \cdots ⑥′$$

おやおや、2つとも同じ式が得られた！

よって、（＊）に⑤′（または⑥′）を用いると

$$(Ⓑの左辺) = a^2 + ab + b^2$$
$$= 2 \quad (q.e.d.)$$

なるほど、上手に解答が作れました。

ここで示した根岸先生の「問題の分析の仕方」や「数学的思考の流れ」は、中学数学にはないものですから、この問題を通してしっかりイメージしてくださいね。

ところで、せっかく渡辺先生の原則による解法の大切さや、矩一郎先生の自由な発想と工夫の面白さをお話ししたのですから、このおふたりの考え方を組み合わせた解答も作ってみましょうか。

（解法2）

$$\begin{cases} a^2 - bc = 2 & \cdots ⑤ \\ b^2 - ca = 2 & \cdots ⑥ \end{cases} \quad とする。$$

⑤－⑥より　$a^2 - b^2 - bc + ca = 0$　$\cdots ⑦$

∴　$(a-b)(a+b+c) = 0$　$\cdots ⑧$

$a \neq b$より　$a + b + c = 0$　　　　　　$\cdots ⑨$ ⇐ ここまでは
（解法1）と同じ

ここで　$c^2 - ab = 2$　$\cdots Ⓑ$を示したいので

(Ⓑの左辺)－(Ⓑの右辺) を作ると、

↘ Ⓑ ⇔ $(c^2 - ab) - 2 = 0$を示そうと考えます

$(c^2 - ab) - 2 = (c^2 - ab) - (a^2 - bc)$　$\cdots （☆）$

```
┌─────────────────────┐   ┌─────────────────┐
│ この計算をすると0に  │   │ ⑤を用いて2を消去 │
│ なるはず            │   │ してみた……。    │
│ つまり2は消える運命  │   └─────────────────┘
│ にある              │     原則により定数消去
└─────────────────────┘
       自由な発想
```

$= c^2 - a^2 + bc - ab$
$= (c-a)(c+a) + b(c-a)$　　やっぱり
$= (c-a)\underline{(c+a+b)}$　　式の目標は
　　　　　　　　　　　　　因数分解
$= 0$
　　↘ おっ、ここで⑨が使える！
　　　等式条件（iii）全体消去だね！！

　よって、$c^2 - ab - 2 = 0$ より　$c^2 - ab = 2$　$\cdots Ⓑ$が示された。

　う～ん、（☆）の部分がとても巧妙ですね。でも気付くとちょっとわくわくしませんか。

236

どうだったでしょうか。基本問題ではありましたが、数学の問題を考えるとはどういうことかを感じ取ってもらえたでしょうか。

第２部では、中学の数学と高校の数学の「問題の考え方の違い」をお話ししながら、高校数学に対する入門と大学受験勉強に有効な三人の先生方の信条をお伝えすることで、皆さんの数学の勉強のきっかけになれば……と考えました。

最後に、第２部の先生方の発想の違いがわかる問題を力試しに用意してみました。新高校１年生の皆さん、大学受験で数学に伸び悩んでいる皆さん、高校数学と中学数学の違いに触れてみたい大人の皆さん、ぜひ第２部の総仕上げとしてチャレンジしてみてください。皆さんの数学への新しい視点が育つことを楽しみにして筆を置きます。最後まで読んでくださり、ありがとうございました。

Challenge

$a+b+c=0$ $(abc \neq 0)$ のとき

(1) $a^3+b^3+c^3-3abc=0$ を示せ。

(2) $a\left(\dfrac{1}{b}+\dfrac{1}{c}\right)+b\left(\dfrac{1}{c}+\dfrac{1}{a}\right)+c\left(\dfrac{1}{a}+\dfrac{1}{b}\right)=-3$

を示せ。

(日本大)

(解法1)⇦まずは原則重視の解法で

$a+b+c=0$　…①として

(1) $a^3+b^3+c^3-3abc=0$　…Ⓐ

(2) $a\left(\dfrac{1}{b}+\dfrac{1}{c}\right)+b\left(\dfrac{1}{c}+\dfrac{1}{a}\right)+c\left(\dfrac{1}{a}+\dfrac{1}{b}\right)=-3$　…Ⓑ

を示す。

①より $c=-(a+b)$　⇦等式条件 (i) 文字消去

(1)　$(\text{Ⓐの左辺})=a^3+b^3+c^3-3abc$ → cを消去！

$\quad =a^3+b^3-(a+b)^3-3ab\{-(a+b)\}$

$\quad =a^3+b^3-(a+b)^3+3ab(a+b)$

$\quad =a^3+b^3-(a^3+3a^2b+3ab^2+b^3)$

$\quad\quad +3a^2b+3ab^2$

$\quad =0$

よりⒶが示された。

(2)　(Ⓑの左辺)

$=a\left(\dfrac{1}{b}+\dfrac{1}{c}\right)+b\left(\dfrac{1}{c}+\dfrac{1}{a}\right)+c\left(\dfrac{1}{a}+\dfrac{1}{b}\right)$ → cを消去！

$=a\left(\dfrac{1}{b}-\dfrac{1}{a+b}\right)+b\left(-\dfrac{1}{a+b}+\dfrac{1}{a}\right)-(a+b)\left(\dfrac{1}{a}+\dfrac{1}{b}\right)$

$=a\cdot\dfrac{a}{b(a+b)}+b\cdot\dfrac{b}{a(a+b)}-(a+b)\cdot\dfrac{a+b}{ab}$ ← 通分したよ

$=\dfrac{a^2}{b(a+b)}+\dfrac{b^2}{a(a+b)}-\dfrac{(a+b)^2}{ab}$ さらに通分!!

$=\dfrac{a^3+b^3-(a+b)^3}{ab(a+b)}$ ←

$$= \frac{a^3 + b^3 - (a^3 + 3a^2b + 3ab^2 + b^3)}{ab(a+b)}$$

$$= \frac{-3ab\cancel{(a+b)}}{ab\cancel{(a+b)}}$$

$$= -3$$

となり⑧が示された。

　ところで、高校数学で学ぶ一番面倒な因数分解が

$$a^3 + b^3 + c^3 - 3abc = (a+b+c)(a^2 + b^2 + c^2 - ab - bc - ca)$$

でした。⇦P129の㊅式ですね！

　これを使うと（1）は一瞬ですが、問題は（2）です。
式を注意深くながめると、気分は矩一郎先生かな！

（解法2）
　$a + b + c = 0$　…①とする。
（1）（Ⓐの左辺）$= a^3 + b^3 + c^3 - 3abc$

$$= \underline{(a+b+c)}(a^2 + b^2 + c^2 - ab - bc - ca)$$

　　　　　　①より$a+b+c$全体を消去

$$= 0 \cdot (a^2 + b^2 + c^2 - ab - bc - ca)$$

$$= 0$$

となりⒶが示された。

（2）（⑧の左辺）$= a\left(\dfrac{1}{b} + \dfrac{1}{c}\right) + b\left(\dfrac{1}{c} + \dfrac{1}{a}\right) + c\left(\dfrac{1}{a} + \dfrac{1}{b}\right)$

　　　　　　　誰が見てもこの式を通分するのはイヤ！
　　　　　　　しかしながらよく見ると……。

$$= \frac{a}{b} + \frac{a}{c} + \frac{b}{c} + \frac{b}{a} + \frac{c}{a} + \frac{c}{b}$$

$$= \left(\frac{b}{a} + \frac{c}{a}\right) + \left(\frac{c}{b} + \frac{a}{b}\right) + \left(\frac{a}{c} + \frac{b}{c}\right)$$

$$= \frac{b+c}{a} + \frac{c+a}{b} + \frac{a+b}{c}$$

$$= \frac{-a}{a} + \frac{-b}{b} + \frac{-c}{c} \qquad \left.\begin{array}{l} 分子に \\ a+b+c=0 \quad \cdots ① \\ を上手に適用します！ \end{array}\right.$$

$$= -3$$

となり⑧が示された。

　さらに皆さんの数学センスに磨きをかけますよ。

(解法3) ⇦ $a+b+c=0$　…①を全体消去に使います。

(1)　(⑧の左辺)$= a^3 + b^3 + c^3 - 3abc$

$$= a^3 + \underline{(b^3 + c^3)} - 3abc$$

$$\Downarrow$$

$(b+c)^3 = b^3 + 3b^2c + 3bc^2 + c^3$
$\Leftrightarrow b^3 + c^3 = (b+c)^3 - 3bc(b+c)$
のような変形はよく使います！

$$= a^3 + \underline{(b+c)^3 - 3bc(b+c)} - 3abc$$

$$= a^3 + (-a)^3 - 3bc(-a) - 3abc$$

↳ $a+b+c+0$ より　$b+c=-a$
つまり $b+c$ 全体を
消去できますよ！

$$= 0$$

となり⑧が示された。

(2) (⑧の左辺) $= a\left(\dfrac{1}{\underline{b}} + \dfrac{1}{\underline{c}}\right) + b\left(\dfrac{1}{\underline{c}} + \dfrac{1}{\underline{a}}\right) + c\left(\dfrac{1}{\underline{a}} + \dfrac{1}{\underline{b}}\right)$

$\left(\begin{array}{l}\text{～～ 部の3つの式の形が少しずつ違いますね。}\\ \text{矩一郎先生の自由な発想⇒統一できないか}\end{array}\right)$

$= a\left(\dfrac{1}{\underline{b}} + \dfrac{1}{\underline{c}} + \dfrac{1}{a} - \dfrac{1}{a}\right) + b\left(\dfrac{1}{\underline{c}} + \dfrac{1}{\underline{a}} + \dfrac{1}{b} - \dfrac{1}{b}\right)$

$\qquad\qquad\qquad + c\left(\dfrac{1}{\underline{a}} + \dfrac{1}{\underline{b}} + \dfrac{1}{c} - \dfrac{1}{c}\right)$

～部分の同じ形を3つ作り
出しました！

$= a\left(\dfrac{1}{b} + \dfrac{1}{c} + \dfrac{1}{a}\right) - 1 + b\left(\dfrac{1}{c} + \dfrac{1}{a} + \dfrac{1}{b}\right) - 1$

$\qquad\qquad\qquad + c\left(\dfrac{1}{a} + \dfrac{1}{b} + \dfrac{1}{c}\right) - 1$

$= \left(\dfrac{1}{a} + \dfrac{1}{b} + \dfrac{1}{c}\right)\underline{(a + b + c)} - 3 \Leftarrow \left(\dfrac{1}{a} + \dfrac{1}{b} + \dfrac{1}{c}\right)$

$= -3$ でくくるよ！

あっ、①が使える……！

となり⑧が示された。

先生、さすがにもう別解はないでしょうって？

なにをおっしゃる子うさぎさん。全体の流れにのる
とこんな解答も作れますよ！

（解法4）⇦(1)では発想の転換、(2)では (1)の意図を考えます。

(1)　$a+b+c=0$ より ⇦ 今度は $a+b+c=0$　…①という
条件から証明する Ⓐ を巧妙に
作り出す手を用いています！

$$a=-(b+c)$$

$$a^3=-(b+c)^3 \quad ⇦ 3乗したよ！$$

$$a^3+(b+c)^3=0$$

$$a^3+b^3+c^3+3bc\underbrace{(b+c)}=0 \quad ⇦ ここで証明する式と$$
見比べて $b+c$ 全体を
消去すると……

$$a^3+b^3+c^3-3bca=0 \quad …Ⓐ$$

となり①を用いてⒶが導かれた。

(1)と(2)について設問のつながりを考えると、

(1)　$a+b+c=0$　…①のとき

$$a^3+b^3+c^3-3abc=0 \quad …Ⓐ$$

となることを示した

⇩

$a+b+c=0$　…①のとき
$a^3+b^3+c^3=3abc$　…Ⓐ′

⇩

なるほど、$a+b+c=0$という条件によって

$$\underline{a^3+b^3+c^3}=3abc \quad …Ⓐ′$$
3次が嫌

が成り立つのか。すると 〰 部の３次式
の部分はⒶ′を使ってなくせそうだ。

⇩

これが（2）で使えないだろうか

こんな分析と解法のパターン化が根岸流です。

(2)（⑧の左辺）$= a\left(\dfrac{1}{b} + \dfrac{1}{c}\right) + b\left(\dfrac{1}{c} + \dfrac{1}{a}\right) + c\left(\dfrac{1}{a} + \dfrac{1}{b}\right)$

$$= a \cdot \dfrac{b+c}{bc} + b \cdot \dfrac{c+a}{ca} + c \cdot \dfrac{a+b}{ab}$$

$$= \dfrac{-a^2}{bc} + \dfrac{-b^2}{ca} + \dfrac{-c^2}{ab} \quad \Leftarrow a+b+c=0 \text{ を}$$
用いて分子を変形！

$$= -\dfrac{a^3 + b^3 + c^3}{abc} \quad \Leftarrow \text{通分したよ！}$$

$$= -\dfrac{3abc}{abc} \quad \Leftarrow \text{分子について}$$
$a+b+c=0$ のとき $a^3+b^3+c^3=3abc$ …Ⓐ
を用いて、$a^3+b^3+c^3$ 全体を消去！

$$= -3$$

となり⑧が示された。

【主要参考文献】

吉田洋一・赤攝也共著『数学序説』（培風館）

吉永良正著『数学を愛した人たち』（東京出版）

中村滋・室井和男共著『数学史——数学5000年の歩み』（共立出版）

ＰＨＰ新書刊行にあたって

　「繁栄を通じて平和と幸福を」(PEACE and HAPPINESS through PROSPERITY)の願いのもと、ＰＨＰ研究所が創設されて今年で五十周年を迎えます。その歩みは、日本人が先の戦争を乗り越え、並々ならぬ努力を続けて、今日の繁栄を築き上げてきた軌跡に重なります。

　しかし、平和で豊かな生活を手にした現在、多くの日本人は、自分が何のために生きているのか、どのように生きていきたいのかを、見失いつつあるように思われます。そして、その間にも、日本国内や世界のみならず地球規模での大きな変化が日々生起し、解決すべき問題となって私たちのもとに押し寄せてきます。

　このような時代に人生の確かな価値を見出し、生きる喜びに満ちあふれた社会を実現するために、いま何が求められているのでしょうか。それは、先達が培ってきた知恵を紡ぎ直すこと、その上で自分たち一人一人がおかれた現実と進むべき未来について丹念に考えていくこと以外にはありません。

　その営みは、単なる知識に終わらない深い思索へ、そしてよく生きるための哲学への旅でもあります。弊所が創設五十周年を迎えましたのを機に、ＰＨＰ新書を創刊し、この新たな旅を読者と共に歩んでいきたいと思っています。多くの読者の共感と支援を心よりお願いいたします。

一九九六年十月　　　　　　　　　　　　　　　　　　ＰＨＰ研究所

山本俊郎［やまもと・としろう］

代々木ゼミナール数学科講師。日本一わかりやすいと絶賛される丁寧な授業を展開、予備校生だけでなく全国の高校生や先生たちからも圧倒的な支持を受ける。東京都国立市の少人数の教室「山本数学教室」での指導も行なっている。

主な著書に『高校生が感動した微分・積分の授業』『高校生が感動した確率・統計の授業』（以上、PHP研究所）、『センター攻略 山本俊郎の数学I・A エッセンシャル34』『センター攻略 山本俊郎の数学II・B エッセンシャル40』（以上、東京書籍）など。

高校生が感動した数学の物語

PHP新書
1365

二〇二三年八月二十四日　第一版第一刷

著者──山本俊郎
発行者──永田貴之
発行所──株式会社PHP研究所

東京本部　〒135-8137 江東区豊洲5-6-52
　　　　　ビジネス・教養出版部 ☎03-3520-9615（編集）
　　　　　普及部 ☎03-3520-9630（販売）

京都本部　〒601-8411 京都市南区西九条北ノ内町11

組版──朝日メディアインターナショナル株式会社
装幀者──芦澤泰偉＋明石すみれ
印刷所──図書印刷株式会社
製本所──図書印刷株式会社

PHP新書
PHP INTERFACE
https://www.php.co.jp/

高校生が感動した数学の物語

山本俊郎
Yamamoto Toshiro

PHP新書

JN072469